机械 CAD/CAM 应用

主　编　谢　颖　温小明　王　健
副主编　钟　良　魏碧胜　刘耿亮

北京理工大学出版社
BEIJING INSTITUTE OF TECHNOLOGY PRESS

内 容 简 介

本书以 UG NX 10.0 软件为工具,以任务实例为"抓手",按照"互联网+"的思维模式,对数字化设计相关模块进行全面细致的讲解,内容涵盖一般工程设计的常用功能,由浅到深、循序渐进地介绍 UG NX 10.0 软件的基本操作及命令的使用,包括界面环境及草图设计、机械零件建模、曲面零件造型、部件装配、工程图创建、综合案例实践共 6 个项目。每个项目包含的工作任务都具有很强的代表性,既具有企业一线的实用性,又和"1+X"《机械产品三维模型设计职业技能等级标准》知识点结合。本书任务实施过程图表化,辅以二维码、课程网站为补充,有助于学习者在轻松自如地学习和掌握 UG NX 三维设计技能的同时,提高识读工程图的能力。

本书可作为高等院校、高职院校机械类相关专业的教材和"1+X"《机械产品三维模型设计职业技能等级标准》的培训教材,也可作为工程技术人员参考用书。为便于教学,本书配套有课程标准、电子课件、电子教案、操作视频微课、试题库、素材库和动画等丰富的教学资源,选择本书作为教材的教师可登录网站 https://mooc1-2.chaoxing.com/course/204520141.html,注册、下载获取。

图书在版编目（CIP）数据

机械 CAD/CAM 应用 / 谢颖,温小明,王健主编. --
北京:北京理工大学出版社,2022.11
　　ISBN 978-7-5763-1865-4

　　Ⅰ. ①机… 　Ⅱ. ①谢… ②温… ③王… 　Ⅲ. ①机械设计-计算机辅助设计-高等学校-教材 ②机械制造-计算机辅助制造-高等学校-教材 　Ⅳ. ①TH122 ②TH164

　　中国版本图书馆 CIP 数据核字（2022）第 222999 号

出版发行 / 北京理工大学出版社有限责任公司
社　　址 / 北京市海淀区中关村南大街 5 号
邮　　编 / 100081
电　　话 / (010) 68914775 (总编室)
　　　　　 (010) 82562903 (教材售后服务热线)
　　　　　 (010) 68944723 (其他图书服务热线)
网　　址 / http://www.bitpress.com.cn
经　　销 / 全国各地新华书店
印　　刷 / 唐山富达印务有限公司
开　　本 / 787 毫米×1092 毫米　1/16
印　　张 / 18.25　　　　　　　　　　　　　　　责任编辑 / 张鑫星
字　　数 / 440 千字　　　　　　　　　　　　　　文案编辑 / 张鑫星
版　　次 / 2022 年 11 月第 1 版　2022 年 11 月第 1 次印刷　　责任校对 / 周瑞红
定　　价 / 89.00 元　　　　　　　　　　　　　　责任印制 / 李志强

前　言

  Unigraphics NX（简称 UG NX）是 SIEMENS 公司（原美国 UGS 公司）开发的产品工程解决方案，广泛用于机械、汽车、家电、航天、军事等领域，是目前世界上最流行的 CAD/CAM/CAE 软件之一。UG NX 软件在我国工业制造领域得到了广泛的应用，在产品造型、模具设计及数控加工等方面有较强的优势，可以缩短产品的设计周期，提高企业的生产率，降低生产成本，增强市场竞争力。因此，应用计算机辅助设计与制造软件进行产品数字化设计与制造已成为从事现代制造类技术岗位工作的必备技能。

  本书以 UG NX 10.0 软件为工具，以任务实例为"抓手"，按照"互联网+"的思维模式，对数字化设计相关模块进行全面细致的讲解，内容涵盖一般工程设计的常用功能，由浅入深、循序渐进地介绍 UG NX 10.0 软件的基本操作及命令的使用，包括界面环境及草图设计、机械零件建模、曲面零件造型、部件装配、工程图创建、综合案例实践共 6 个项目。每个项目包含的工作任务都具有很强的代表性，既具有企业一线的实用性，又与"1+X"《机械产品三维模型设计职业技能等级标准》知识点结合。本书任务实施过程图表化，辅以二维码、课程网站为补充，有助于学习者在轻松自如地学习和掌握 UG NX 三维设计技能的同时，提高识读工程图的能力。

  本书与同类教材相比，具有以下特色：

  （1）依据机械设计制造类专业的工作岗位需求，立足于机械产品的设计应用，从企业生产、相关职业院校技能大赛以及多年软件教学中提炼出典型的案例，以直观的图表展示基于工作过程的任务实施过程。

  （2）在内容组织上突出了"易懂、够用、实用、可持续发展"的原则，以知识+案例的形式呈现教学内容，精选的工作任务和拓展任务均涵盖相应的知识点应用，这样避免了传统教材命令讲得多、例子却很少，学了也不知道用在何处的弊病。

  （3）书中的工作任务安排符合认知规律和最新的教学改革模式，由浅入深、由局部到整体，循序渐进。教学案例和大赛方向紧密结合，充分调动学生学习的主动性，有利于提高学生的学习兴趣。

  （4）对同一个工作任务展示多种创建方法，启迪和开发学生的创新思维和创造力；同时，每个工作任务配有大量的课前和课后练习，提高学生灵活运用软件工具的能力。

本书结合生产实际，由具有多年教学工作经验的专业教师和具有多年企业工作经验的工程师合作编写，以项目导向、任务驱动的教学模式，贯彻"教、学、做"一体化的课程改革方案，充分体现了"以教师为主导，学生为主体"的教学理念，使学生充分掌握 UG NX 软件的相关知识，达到能够熟练使用软件进行产品零件设计、部件装配和工程图创建的目的。本课程建议学时数为 76 学时，但也可根据实际需要进行调整。

本书由江西应用技术职业学院谢颖、温小明和王健任主编；江西气体压缩机有限公司刘耿亮、瑞金中等专业学校钟良和江西应用技术职业学院魏碧胜任副主编。其中项目 6 由谢颖编写，项目 2 由温小明编写，项目 1 由王健编写，项目 3 由魏碧胜编写，项目 4 由钟良编写，项目 5 由刘耿亮编写。全书由谢颖统稿。本书在编写过程中得到了许多专家和同行的支持与帮助，在此表示衷心的谢意！

由于编者水平有限，书中难免存在一些疏漏，不足之处敬请使用本书的师生与读者批评指正（1056140636@qq.com），以便修订时改进。

编　者

目　录

项目1　界面环境及草图绘制

本项目对标"1+X"《机械产品三维模型设计职业技能等级标准》知识点

（1）初级能力要求1.1.4 能完成简单零件的基本几何体的设计。

（2）初级能力要求1.3.1 能够运用尺寸编辑知识，对几何形体进行尺寸修改。

（3）初级能力要求1.3.3 能够运用基础编辑功能，对几何形体进行阵列、镜像修改。

草图是 UG NX 软件中建立参数化模型的一个重要工具。完成的草图可以与拉伸、旋转、扫掠等相应特征关联，体现参数化设计的典型特点。尽管使用基本体素也能创建实体，但遇到结构复制的零件，通常需要借助草图工具。

绘制草图时只需先绘制出一个大致的轮廓，通过约束条件来精确定义图形，因而使用草图功能可以快捷、完整地表达设计者的意图。本项目将通过实际工作任务——垫片、模板和拨叉草图绘制，介绍如何创建草图和草图对象、约束草图对象、草图操作以及管理与编辑草图等方面的内容。

任务1.1　垫片草图绘制

任务目标

1. 掌握新建零件、保存文件及创建草图的方法。

2. 掌握轮廓、直线、圆和圆弧等草图基本绘图命令的使用和编辑。

3. 掌握尺寸的标注及编辑的应用。

4. 掌握草图几何约束功能。

5. 能够正确地使用三维 CAD 软件常用功能，如新建零件、保存文件等。

6. 能够正确完成图形的移动、旋转、放大与缩小等。

7. 能确定草图绘制的方法与步骤，能使用草图工具的各种命令。

8. 能绘制典型草图实例。

9. 通过垫片草图的绘制，能对草绘模块有初步的认识，理解机械设计中二维与三维绘图的不同，为培养工程人员在从事技术工作中应具备的素养和品质奠定基础。

10. 养成面对问题从多方面思考与自主寻找解决办法的意识和习惯。

11. 培养与他人进行有效的交流和沟通，具备较强的团队协作精神。

某阀门部件的垫片草图如图 1-1 所示，完成该草图绘制。

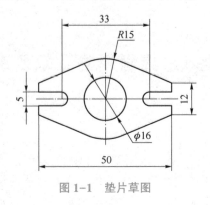

图 1-1　垫片草图

任务分析

本任务的目标是绘制垫片草图，通过曲线的绘制、曲线的编辑、草图标注及约束等基本操作来完成垫片草图的绘制，在绘制垫片草图过程中了解 UG NX 软件的三维建模界面及二维草图环境。草图是构建模型的基本元素，一个完整的草图需要有足够的尺寸标注及约束来满足设计要求。本任务在了解 UG NX 软件建模界面和草图环境的基础上，确定垫片草图的绘制思路，通过草图绘制及草图控制两个方面最终实现垫片草图的绘制。

通过图形分析可知，垫片草图由直线、圆弧和圆三种图形元素组成，图形结构特点为上下左右完全对称。可以使用轮廓、圆、直线、倒圆角、镜像曲线、对称约束等命令完成图形绘制。

任务尝试

在完成垫片草图任务之前，先自主完成如图 1-2 和图 1-3 所示两个课前尝试任务，可参考二维码链接的视频边学边练。

图 1-2　简单草图 1

图 1-3

图 1-3　简单草图 2

任务实施

任何图形可以有多种绘制方法，这里用两种方法绘制外轮廓，供大家参考，启发创新思维。方法一和方法二分别如表 1-1 和表 1-2 所示。

建议：先自主完成两个课前尝试任务，再参考垫片草图绘制的实施过程，完成工作任务，并思考还有其他绘图方法吗？

表 1-1 垫片草图绘制的实施过程（一）

1	新建文件 启动 NX，新建文件"垫片草图.prt"，指定保存路径。模板"模型"，单位"毫米"，单击"确定"进入建模环境	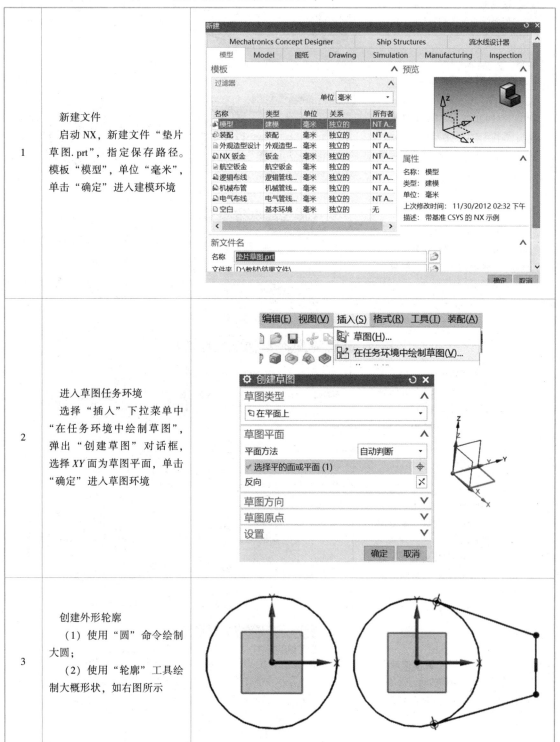
2	进入草图任务环境 选择"插入"下拉菜单中"在任务环境中绘制草图"，弹出"创建草图"对话框，选择 XY 面为草图平面，单击"确定"进入草图环境	
3	创建外形轮廓 （1）使用"圆"命令绘制大圆； （2）使用"轮廓"工具绘制大概形状，如右图所示	

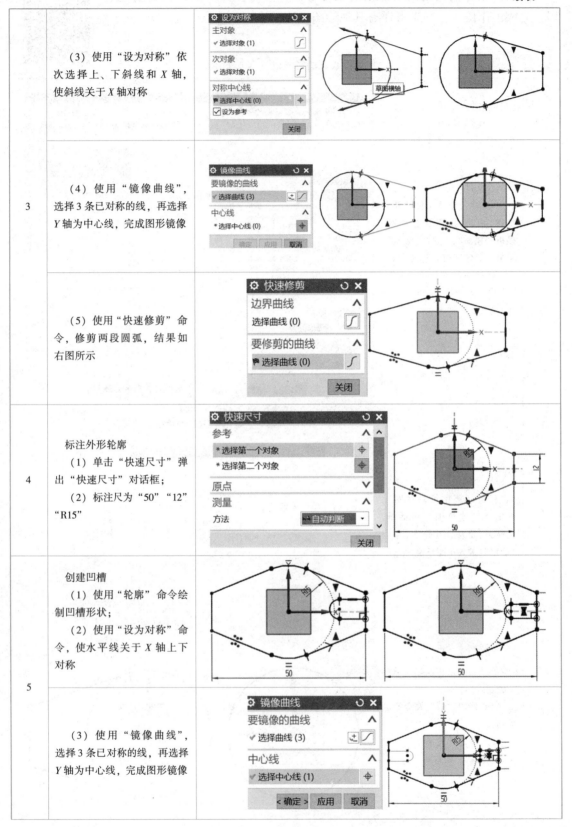

3	（3）使用"设为对称"依次选择上、下斜线和 X 轴，使斜线关于 X 轴对称	
	（4）使用"镜像曲线"，选择3条已对称的线，再选择 Y 轴为中心线，完成图形镜像	
	（5）使用"快速修剪"命令，修剪两段圆弧，结果如右图所示	
4	标注外形轮廓 （1）单击"快速尺寸"弹出"快速尺寸"对话框； （2）标注尺为"50""12""R15"	
5	创建凹槽 （1）使用"轮廓"命令绘制凹槽形状； （2）使用"设为对称"命令，使水平线关于 X 轴上下对称	
	（3）使用"镜像曲线"，选择3条已对称的线，再选择 Y 轴为中心线，完成图形镜像	

6	标注凹槽尺寸 （1）单击"快速尺寸"弹出"快速尺寸"对话框； （2）标注尺寸"33""5"，草图完全约束	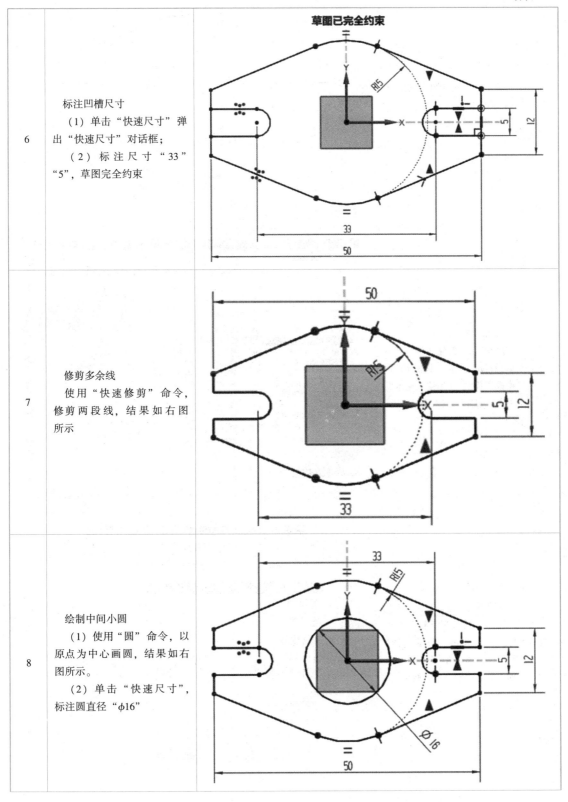
7	修剪多余线 使用"快速修剪"命令，修剪两段线，结果如右图所示	
8	绘制中间小圆 （1）使用"圆"命令，以原点为中心画圆，结果如右图所示。 （2）单击"快速尺寸"，标注圆直径"φ16"	

| 9 | 保存文件
单击"完成草图",退出草图环境,单击"保存",保存该草图 | 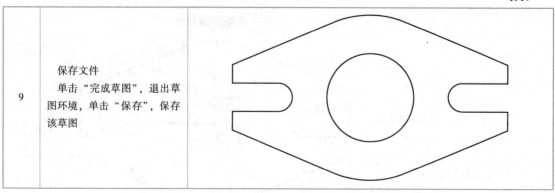 |

表 1-2　垫片草图绘制的实施过程（二）

| 1 | 新建文件
启动 NX,新建文件"垫片草图.prt",指定保存路径。模板"模型",单位"毫米",单击"确定"进入建模环境 | 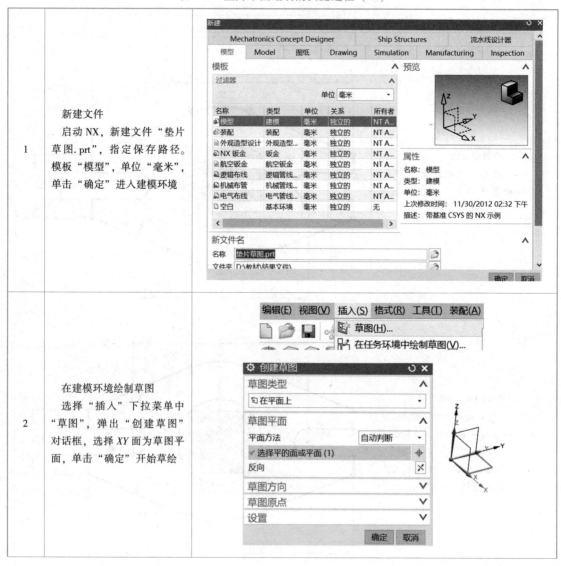 |
| 2 | 在建模环境绘制草图
选择"插入"下拉菜单中"草图",弹出"创建草图"对话框,选择 XY 面为草图平面,单击"确定"开始草绘 | |

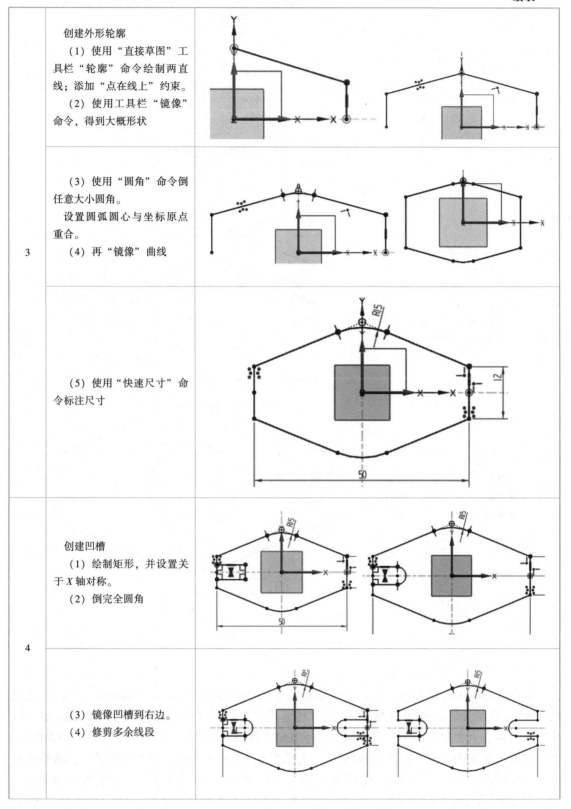

3	创建外形轮廓 （1）使用"直接草图"工具栏"轮廓"命令绘制两直线；添加"点在线上"约束。 （2）使用工具栏"镜像"命令，得到大概形状	
	（3）使用"圆角"命令倒任意大小圆角。 设置圆弧圆心与坐标原点重合。 （4）再"镜像"曲线	
	（5）使用"快速尺寸"命令标注尺寸	
4	创建凹槽 （1）绘制矩形，并设置关于X轴对称。 （2）倒完全圆角	
	（3）镜像凹槽到右边。 （4）修剪多余线段	

5	标注凹槽尺寸 　　（1）单击"快速尺寸"弹出"快速尺寸"对话框； 　　（2）标注尺寸"33""5"，草图完全约束	
6	绘制中间小圆 　　（1）使用"圆"命令，以原点为中心画圆，结果如右图所示。 　　（2）单击"快速尺寸"，标注圆直径"$\phi16$"	
7	保存文件 　　单击"完成草图"，退出草图环境，单击"单存"，保存该草图	

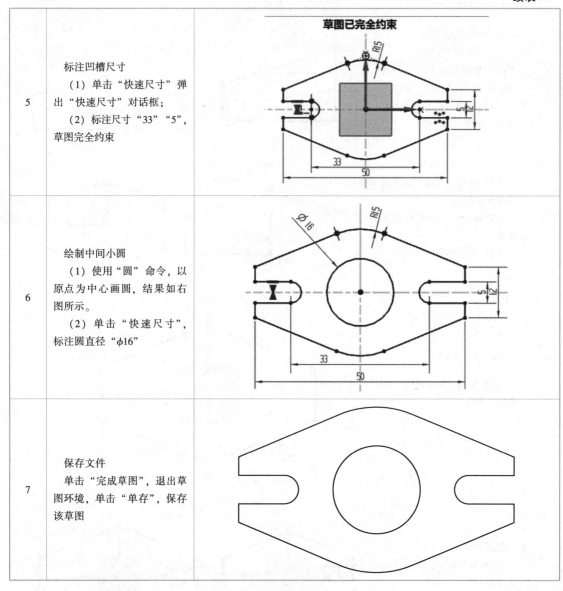

知识准备

1. UG NX 简介

Unigraphics（简称 UGS）起源于麦道公司（McDonnell Douglas Automation），从 20 世纪 60 年代起成为商业化软件。1987 年，通过与通用汽车公司（GM）的合作，UG 软件成功进入汽车行业，并为日后进入其他领域奠定了基础。2008 年 6 月，UGS 与西门子（SIEMENS）公司合作，更名为 Siemens PLM Software，并从发布 NX 6.0 开始，版本不断更新，这些版本的 UG NX 建立在新的同步建模技术基础之上，标志着 UG NX 进入了一个新的发展周期。

从 1990 年 UG NX 软件进入中国市场以来，得到了越来越广泛的应用，在汽车、航天、军工、模具等领域大展身手，已经成为我国工业界主要使用的大型 CAD/CAE/CAM 软件。

随着 UG NX 用户数量在中国的大幅增加，企业对优秀的软件应用技术人才的需求越来越强烈，尤其是在模具行业，熟练掌握 UG NX 软件是模具技术人员的基本要求之一。

2. UG NX 模块

UG NX 软件功能众多，适用于各行各业，为了方便使用，软件采用了模块化结构设计，即将适用于某一特定行业或特定产品的命令或功能集中于一个模块内。目前 UG NX 软件共包括 60 多种功能模块。在众多模块中，最常用的是 CAD 模块、CAM 模块和 CAE 模块。

UG/CAD 模块拥有很强的 3D 建模能力，包括建模、工程图、装配等多个子模块，如图 1-4 所示，可以通过工具栏的"启动"工具按钮进行模块切换。UG NX 建模模块提供了实体建模、特征建模、自由曲面建模、同步建模等多种先进的造型及辅助功能。

（a） （b） （c）

图 1-4　UG NX 常用模块

（a）建模模块（Modeling）；（b）装配模块（Assemble）；（c）制图模块（Drafting）

3. UG NX 界面组成

UG NX 界面形式有"带状工具条"和"仅经典工具条"两种形式，这里介绍"仅经典工具条"用户界面。界面包括标题栏、主菜单、顶部工具栏、信息提示栏、绘图区、资源工具条及底部工具栏等，如图 1-5 所示。

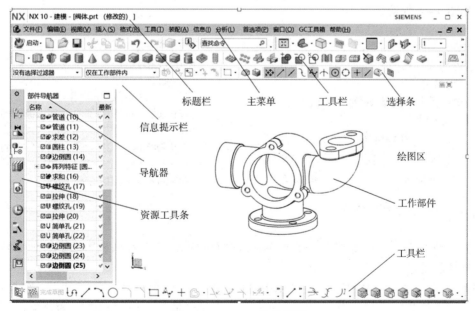

图 1-5　UG NX 软件界面

其中主菜单、工具栏、信息提示栏的使用方法和其他 CAD 软件或 Windows 标准程序类似。主菜单是标准的下拉式菜单，包含了所有的 UG NX 功能与命令，主菜单各项功能说明如表 1-3 所示。工具栏可以根据个人操作习惯进行定制（Ctrl+1），位置也可以任意拖动。

表 1-3 主菜单各项功能说明

菜单名称	功能简介
文件	文件管理、输入、输出、出图及实用工具等
编辑	删除、隐藏、显示状态、对象变换、实体特征编修等
视图	视图转换、缩放、平移、旋转和定向等
插入	草图、曲线与曲线操作、三维建模与编辑等
格式	层功能、布局、工作坐标系等
工具	各模块所包含的工具箱
装配	装配图、装配爆炸图和报表等
信息	查询对象资料、计算质量、尺寸等
分析	实体模型各种参数如距离、角度、质量和面积等计算
首选项	系统参数设定、模组工具参数设定等
窗口	打开多个文件时文件之间切换及多窗口设置等
GC 工具箱	齿轮建模、弹簧设计、部件文件加密等实用工具
帮助	帮助功能

资源工具条中的导航器比较重要，包含多种导航器，分别进行简要的介绍。

（1）装配导航器：用于展示装配文件的树状结构及零件信息，可以从中直接选取零件进行操作，如图 1-6 所示。

（2）约束导航器：用于列出装配零件之间所有配对关系的详细信息，并可直接选取、编辑，如图 1-7 所示。

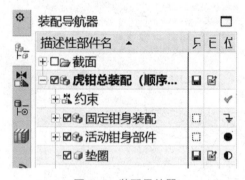

图 1-6 装配导航器

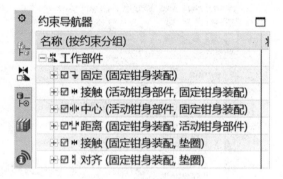

图 1-7 约束导航器

（3）部件导航器：用于列出一个实体文件所有特征，并可直接从中选取特征进行编辑，或改变特征创建顺序，如图 1-8 所示。

（4）角色：UG NX 软件可以定义使用者的角色，不同角色对应的工具栏、菜单栏中显示的命令、功能数量有所不同，如图 1-9 所示。设计者通常选择"高级"的角色。

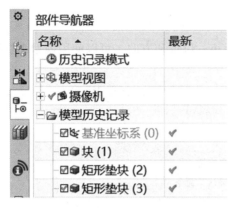

图 1-8　部件导航器

图 1-9　角色

4. 文件操作

UG NX 的文件操作除了常规的新建、打开、保存、关闭、文件打印等，还有不同格式文件的导入、导出。常规的文件操作方法和其他软件基本相同，可以借助其他软件使用经验。

UG NX 导入、导出功能可以进行多种类型数据的交换，从而实现与其他软件系统数据共享。可以导入的常见文件格式有部件（UG 文件）、Parasolid（SolidWork 文件）、IGES（Initial Graphics Exchange Specification）图形交换文件格式、DXF/DWG（AutoCAD 文件）、CATIA 和 Pro/E 实体等。导出文件与导入文件功能相似，可将现有模型导出为 UG NX 支持的其他类型的文件，如 IGES、STEP、CGM、STL、DXF/DWG 和 CATIA 等，还可以直接导出为 JPEG、BMP 等图片格式，如图 1-10 所示。

（a）　　　　　　　（b）

图 1-10　文件"导入"和"导出"子菜单

（a）文件"导入"；（b）文件"导出"

5. 鼠标和键盘操作

在设计过程中，经常需要调整工作模型的大小、位置和方向。可以使用模型工具栏中的快捷图标，也可使用鼠标配合键盘操作完成。

鼠标的操作如表 1-4 所示（说明：左键 MB1，中键 MB2，右键 MB3）。

表 1-4　鼠标的操作

操作		功能
单击 MB1		选择特征或命令
单击 MB2		相当于"确认"命令
转动 MB2		相当于视图"缩放"命令
按住 MB2 并拖动		相当于视图"旋转"命令
按住 MB2+Shift		相当于视图"平移"命令
按住 MB2+MB1		相当于视图"缩放"命令
按住 MB2+ MB3		相当于视图"平移"命令
长按 MB3		显示渲染快捷命令
单击 MB3	在工具按钮区域	打开设置工具条菜单
	在绘图区空白处	显示常用显示、筛选菜单
	在几何特征上	显示常用特征操作菜单

常用快捷键如表 1-5 所示。

表 1-5　常用快捷键

操作	功能
Ctrl+N	文件（F）-新建（N）…
Ctrl+O	文件（F）-打开（O）…
Ctrl+S	文件（F）-保存（S）
Ctrl+A	编辑（E）-选择（L）-全选（A）
Ctrl+B	编辑（E）-显示和隐藏（H）-隐藏（H）…
Ctrl+Shift+B	编辑（E）-显示和隐藏（H）-反转显示和隐藏（I）
Ctrl+Shift+K	编辑（E）-显示和隐藏（H）-显示（S）…
Ctrl+Shift+U	编辑（E）-显示和隐藏（H）-全部显示（A）
Ctrl+T	编辑（E）-移动对象（O）…
Ctrl+J	编辑（E）-对象显示（J）…
Ctrl+F	适合窗口（F）
Ctrl+Q	完成草图
Ctrl+1	打开定制对话框
F5	刷新（S）
F8	视图回正

6. 创建草图

1）进入草图环境的方法

方法一：选择菜单【插入】→【草图】选项，或单击如图 1-11 所示的"直接草图"工具条中"草图"按钮，弹出"创建草图"对话框，如图 1-12 所示。选择草图平面后进入如图 1-13 所示草图环境，在建模环境中利用"直接草图"工具条的命令创建草图。

图 1-11　"直接草图"工具条

图 1-12　"创建草图"对话框

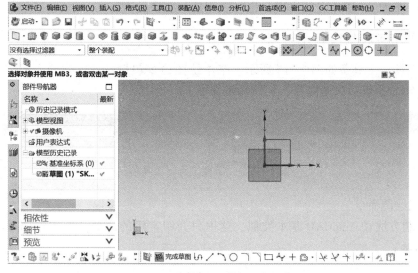

图 1-13　方法一草图环境

方法二：选择菜单【插入】→【在任务环境中绘制草图】选项，弹出"创建草图"对话框，如图 1-12 所示。选择草图平面后进入如图 1-14 所示草图环境，在草图任务环境创建草图。

方法三：在创建拉伸、旋转、扫掠等特征过程中进入"草图"任务环境，选择草图平面后进入如图 1-14 所示草图环境，在草图任务环境创建草图。

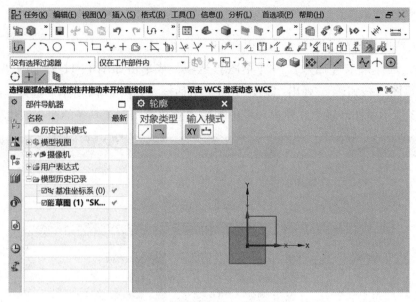

图1-14 方法二、三草图环境

提示：单击"直接草图"工具条中的"在草图任务环境中打开"按钮，则又进入草图任务环境，可在草图环境下绘制草图。

2）草图平面的选择

草图平面是草图依附的绘图平面。要绘制草图首先要选择或创建草图平面，有"在平面上"和"基于路径"两种类型，如图1-12所示。可以通过"自动判断"方式选择坐标平面（默认 XY 平面）、实体上的平面，也可以创建基准平面。

7. 草图几何对象绘制及编辑

"草图工具"工具条如图1-15所示。基本绘图命令包括轮廓、直线、矩形、圆、圆弧等。基本编辑命令包括快速修剪、延伸和镜像等。

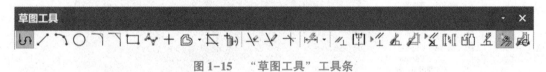

图1-15 "草图工具"工具条

1）草图绘图命令

草图绘制方法和 AutoCAD 基本类似，这里只介绍常用的命令。草图绘图基本命令介绍如表1-6所示。

表1-6 草图绘图基本命令介绍

命令	工具图标	快捷键	作用
轮廓	⤵	Z	以线串模式创建一系列相连的直线或圆弧
直线	╱	L	绘制单条线段
圆弧	⌒	A	通过三点或通过指定其中心和端点创建圆弧

命令	工具图标	快捷键	作用
圆	○	O	通过三点或通过指定其中心和直径创建圆
倒圆角	⌐	F	在二或三条曲线之间创建圆角
倒斜角	⌐		在两条草图直线或圆弧之间创建斜角过渡
矩形	▭	R	可以使用对角点、三点方式绘制矩形
多边形	⬡	P	中心、内切圆半径或外接圆半径绘制多边形
艺术样条	∿	C	通过拖放定义点或极点并在定义点指派斜率或曲率约束，动态创建和编辑样条
点	＋		创建草图点
椭圆	⊕		绘制椭圆
二次曲线	⌒		绘制二次曲线

【轮廓】用于创建一系列连续的直线和圆弧，在绘制过程中直线和圆弧可以不断切换。单击工具栏图标按钮 ⌐ 或按下快捷键 Z，弹出"轮廓"对话框，连续单击端点形成连续直线，沿着直线按住并滑动鼠标可进入圆弧绘制，如图 1-16 所示。

【直线】使用直线命令可以根据约束自动判断来创建线段。单击工具栏图标按钮 ／ 或按下快捷键 L，弹出"直线"对话框，如图 1-17 所示，单击两点形成线段。

图 1-16　草绘轮廓曲线　　图 1-17　草绘直线

【圆弧】绘制圆弧有"三点定圆弧"和"中心和端点定圆弧"两种方式。单击图标按钮 ⌒ 或按下快捷键 A，弹出"圆弧"对话框，如图 1-18 所示。

（a）　　　　　　　　　　（b）

图 1-18　草绘圆弧

（a）三点定圆弧；（b）中心和端点定圆弧

【圆】在"草图工具"工具条中单击图标 ○，弹出"圆"对话框。创建圆主要有"圆心和直径定圆"和"三点定圆"两种方法，如图 1-19 所示。

【圆角】可以在两条或三条曲线之间创建一个圆角，包括"修剪倒圆角""不修剪倒圆角"和"删除第三条曲线倒圆角"三种方法,如图 1-20 所示。

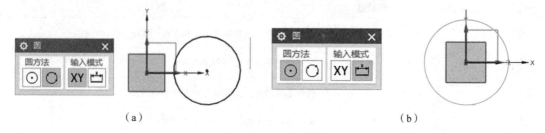

图 1-19　草绘圆

(a) 三点定圆; (b) 圆心和直径定圆

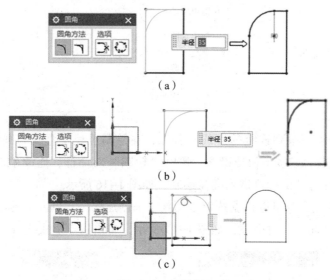

图 1-20　草绘圆角

(a) 修剪倒圆角; (b) 不修剪倒圆角; (c) 删除第三条曲线倒圆角

【倒斜角】 在两条直线之间倒斜角,包括"对称""非对称""偏置和角度"三种方法,如图 1-21 所示。

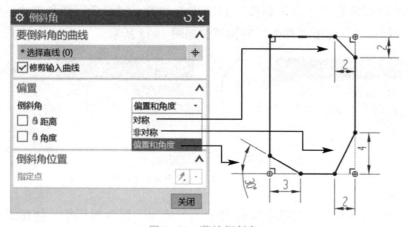

图 1-21　草绘倒斜角

2）草图编辑命令

草图编辑命令介绍如表 1-7 所示。

表 1-7　草图编辑命令介绍

命令	工具图标	快捷键	作用
快速修剪		T	以任一方向将草图修剪至最近的交点或选定的边界
快速延伸		E	将曲线延伸至另一邻近曲线或选定的边界
制作拐角			延伸或修剪曲线用于创建拐角
偏置曲线			偏置位于草图平面上的曲线链
阵列曲线			阵列位于草图平面上的曲线链
镜像曲线			创建位于草图平面上的曲线链的镜像图样
派生直线			在两条平行直线中间创建一条与另一条直线平行的直线，或在两条不平行直线之间创建一条平分线
现有曲线			将现有的共面曲线和点添加到草图中
交点			在曲线和草图平面之间创建一个交点
相交曲线			在面和草图平面之间创建相交曲线
投影曲线			沿草图平面的法向将曲线、边或点（草图外部）投影到草图上

【快速修剪】将曲线修剪至最近的交点或选定的边界。单击 图标按钮，弹出"快速修剪"对话框，如图 1-22 所示。在修剪过程中，可以选择边界对象后再选择要修剪对象，也可以不选边界直接逐一修剪，或按住鼠标左键并划过多条曲线批量裁剪。

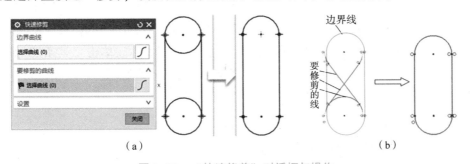

（a）　　　　　　　　　　　　　　　　（b）

图 1-22　"快速修剪"对话框与操作

（a）不选边界修剪；（b）选边界修剪

【快速延伸】将草图元素延伸到另一临近曲线或选定的边界线处。单击图标 按钮，弹出"快速延伸"对话框，如图 1-23 所示。"快速延伸"工具与"快速修剪"工具的使用方法相似，可以选择边界对象后再选择要延伸对象，也可以不选边界直接逐一延伸，或按住鼠标左键并划过多条曲线批量延伸。

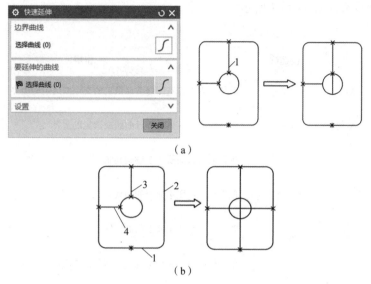

（a）

（b）

图 1-23　"快速延伸"对话框与操作
（a）不选边界延伸；（b）选边界延伸

【制作拐角】将两条曲线之间进行尖角连接，长的部分自动裁掉，短的部分自动延伸，单击图标┳按钮，弹出"制作拐角"对话框，如图 1-24 所示。

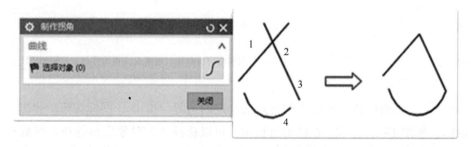

图 1-24　"制作拐角"对话框与操作

【镜像曲线】将草图几何对象以指定的一条直线或轴为对称中心线，镜像复制成新的草图对象。镜像的对象与原对象形成一个整体，并且保持相关性。单击工具条图标⌕按钮，弹出"镜像曲线"对话框，如图 1-25 所示。先选择"要镜像的曲线"，再指定对称中心线，单击"确定"完成复制。

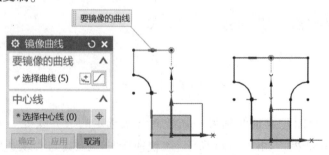

图 1-25　"镜像曲线"对话框与操作

8. 草图几何约束

草图几何约束用于定位草图对象和确定草图对象之间的相互关系。

1）几何约束类型

草图常用几何约束类型的命令和含义如表 1-8 所示。

表 1-8　草图常用几何约束类型的命令和含义

命令	工具图标	含义
重合	┌	定义两个或两个以上的点位置重合
同心	◎	定义两个或两个以上的圆弧或椭圆弧的圆心同心
共线	╲	定义两条或两条以上直线共线
点在曲线上	↑	定义点位于曲线上
中点	┠	定义点为直线或圆弧的中点，选择直线或圆弧时不要选择端点
水平	→	定义直线水平
竖直	↑	定义直线竖直
平行	//	定义两条或两条以上直线彼此平行
垂直	⊥	定义两条或两条以上直线垂直
相切	◐	定义两个对象相切
等长度	=	定义两条或两条以上直线长度相等
等半径	⌒⌒	定义两条或两条以上圆弧半径相等
设为对称	⊞	将选定的点或直线、圆弧、圆设定为以指定直线对称

2）添加几何约束

几何约束的添加方法有两种：自动约束和手动约束。

（1）自动约束。由系统对草图元素相互间的几何位置关系自动进行判断，并自动添加到草图对象上的约束方法。单击图标 ✐ 按钮，弹出"自动约束"对话框，如图 1-26 所示。选择曲线和要施加的约束类型，完成自动约束操作。

（2）手动约束。单击"草图工具"栏 ╱⊥ 图标，弹出"几何约束"对话框，如图 1-27 所示。选择所需要的约束类型，再选取要约束的草图对象，完成手动约束操作。

提示：手动约束可以通过直接选择草图对象，在出现的选择条中选取所需的约束类型。

3）显示所有约束

当草图中的约束过多时，单独观察一个或一部分约束往往不能清楚地发现草图中各元素间的整体约束关系。此时，可以利用"显示所有约束"工具对其进行观察。单击工具栏"显示所有约束"图标 ▶╱⊥，系统将同时显示草图所有约束，如图 1-28 所示。

4）显示/移除约束

利用"显示/移除约束"工具可以显示与选定草图几何图形关联的几何约束，并移除选定的约束或列出信息。单击"草图工具"工具栏中 图标，弹出"显示/移除约束"对话框，如图 1-29 所示。

图 1-26 "自动约束"对话框

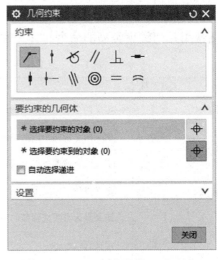

图 1-27 "手动约束"对话框

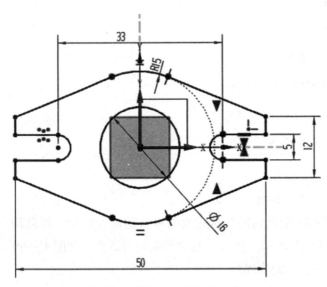

图 1-28 显示所有约束

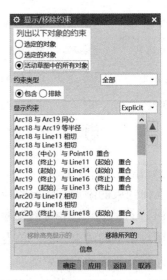

图 1-29 "显示/移除约束"对话框

9. 草图尺寸标注及编辑

尺寸约束就是为草图对象标注尺寸，但它不是通常意义的尺寸标注，而是通过给定尺寸驱动、限制和约束草图几何对象的大小和形状。

1）快速尺寸标注

尺寸约束是用数字约束草图对象的形状大小和位置，可以通过修改尺寸值驱动图形发生变化。它的作用和几何约束相同，很多时候可以替换，但也有不同，使用中细心体会。单击"草图工具"工具栏中图标 ，弹出"快速尺寸"对话框，如图 1-30 所示。

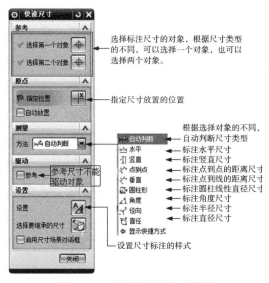

图 1-30　"快速尺寸"对话框

选择标注尺寸的对象，根据尺寸类型的不同，可以选择一个对象，也可以选择两个对象。

指定尺寸放置的位置

根据选择对象的不同，自动判断尺寸类型

标注水平尺寸
标注竖直尺寸
标注点到点的距离尺寸
标注点到线的距离尺寸
标注圆柱线性直径尺寸
标注角度尺寸
标注半径尺寸
标注直径尺寸

设置尺寸标注的样式

2）尺寸编辑

草图中的尺寸编辑比较简单，可以选择要编辑的尺寸后选择右键菜单中"编辑"工具按钮，也可以直接双击要编辑的尺寸，系统弹出对话框，在对话框中修改尺寸值就可以了。

提示：如果想将草图中的尺寸进行统一编辑后一起生效，需要使草图延迟评估，而且所有的尺寸都是采用手工标注的方法标注产生。

任务延拓

自主完成如图 1-31 和图 1-32 所示两个课后延拓任务，练习草图绘制。

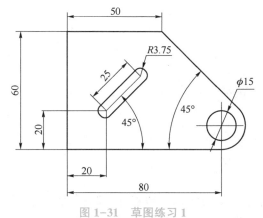

图 1-31　草图练习 1

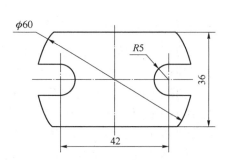

图 1-32　草图练习 2

任务评价

根据任务完成情况，填写任务实施评价表1-9。

表 1-9　任务实施评价表

任务名称		垫片草图绘制			
班级		姓名			
地点		日期			
第___小组成员					
序号	评价内容	分值	自评（25%）	小组评价（25%）	教师评价（50%）
1	学习态度	5			
2	课前尝试任务完成度	15			
3	课中工作任务完成度	30			
4	课后探索任务完成度	25			
5	任务实施方案的多样性	10			
6	完成的速度	5			
7	小组合作与分工	5			
8	学习成果展示与问题回答	5			
总分		100	合计：		
问题记录和解决方法	实施中出现的问题和采取的解决方法				

任务 1.2　模板草图绘制

任务目标

1. 掌握图形显示控制的方法。
2. 掌握矩形、阵列、修剪和圆角等草图命令的使用。
3. 掌握尺寸的标注及几何约束的应用。
4. 能够正确完成图形的移动、旋转、放大与缩小等。
5. 能够正确使用矩形、阵列、修剪和圆角等命令。
6. 能够进行尺寸标注与草图约束。
7. 通过模板草图的绘制，能对草图绘制有进一步的认识，理解圆、圆弧及直线的绘制与草图约束与编辑命令的使用，具备运用三维 CAD 软件绘制二维草图的能力。
8. 通过鼓励学生选择多种方法完成学习任务，培养创新思维与独立思考的能力。

工作任务

模板草图由带圆角的矩形、腰形槽和 10 个 φ34 mm 的圆组成，其中 10 个圆均匀分布，如图 1-33 所示。可以使用矩形、圆、直线、倒圆角、阵列曲线、修剪等命令完成图形绘制。

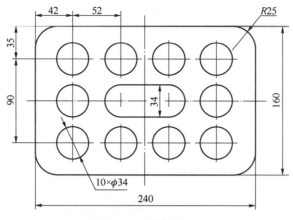

图 1-33　模板草图

任务分析

本任务目标是绘制模板草图，通过曲线的绘制、曲线的编辑、草图标注及约束等基本操作来完成模板草图的绘制。本任务先分析模板草图的绘制思路，通过草图绘制及草图控制两个方面来最终实现模板草图的绘制。

模板草图由带圆角的矩形、10 个 ϕ34 mm 的孔和腰形槽组成，其中 10 个孔分布均匀。可以使用矩形、圆、直线、倒圆角、阵列曲线、修剪等命令完成图形绘制。

任务尝试

在完成模板草图任务之前，先自主完成如图 1-34 和图 1-35 所示两个课前尝试任务，可参考二维码链接的视频边学边练。

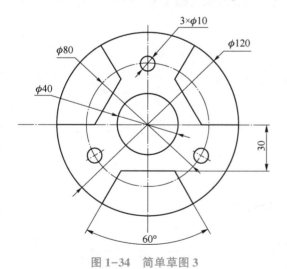

图 1-34　简单草图 3

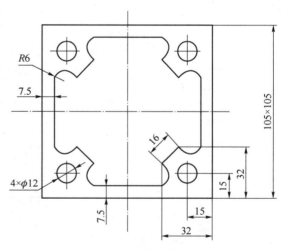

图 1-35　简单草图 4

建议：先自主完成两个课前尝试任务，再参考模板草图绘制的实施过程（见表1-10），完成工作任务，并思考还有其他绘图方法吗？

表 1–10　模板草图绘制的实施过程

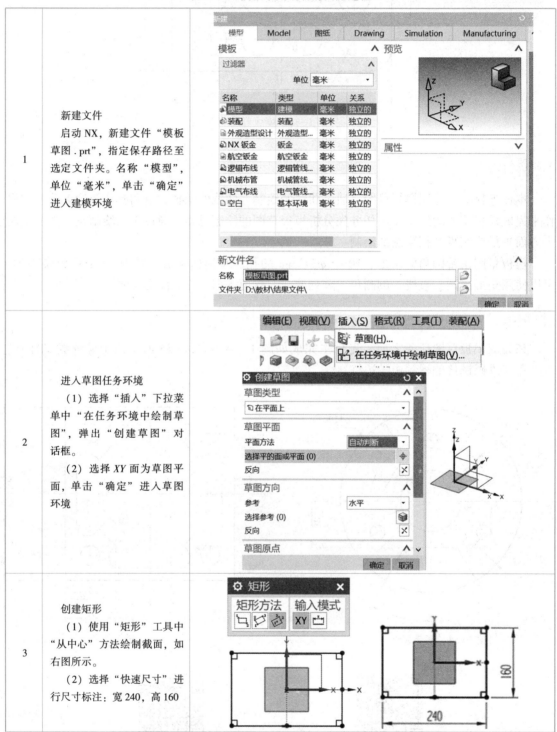

1	新建文件 启动 NX，新建文件"模板草图.prt"，指定保存路径至选定文件夹。名称"模型"，单位"毫米"，单击"确定"进入建模环境	
2	进入草图任务环境 （1）选择"插入"下拉菜单中"在任务环境中绘制草图"，弹出"创建草图"对话框。 （2）选择 XY 面为草图平面，单击"确定"进入草图环境	
3	创建矩形 （1）使用"矩形"工具中"从中心"方法绘制截面，如右图所示。 （2）选择"快速尺寸"进行尺寸标注：宽240，高160	

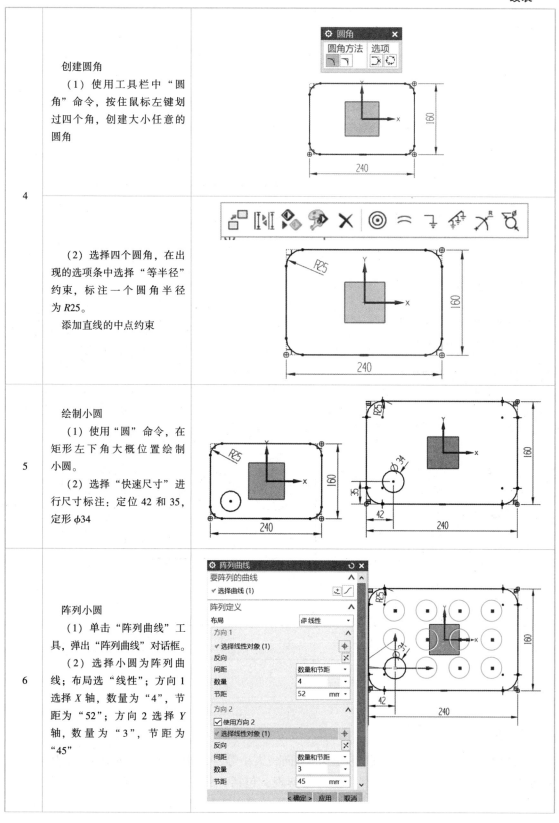

4	创建圆角 （1）使用工具栏中"圆角"命令，按住鼠标左键划过四个角，创建大小任意的圆角	
	（2）选择四个圆角，在出现的选项条中选择"等半径"约束，标注一个圆角半径为 R25。 添加直线的中点约束	
5	绘制小圆 （1）使用"圆"命令，在矩形左下角大概位置绘制小圆。 （2）选择"快速尺寸"进行尺寸标注：定位 42 和 35，定形 φ34	
6	阵列小圆 （1）单击"阵列曲线"工具，弹出"阵列曲线"对话框。 （2）选择小圆为阵列曲线；布局选"线性"；方向 1 选择 X 轴，数量为"4"，节距为"52"；方向 2 选择 Y 轴，数量为"3"，节距为"45"	

6	（3）单击"确定"，完成阵列	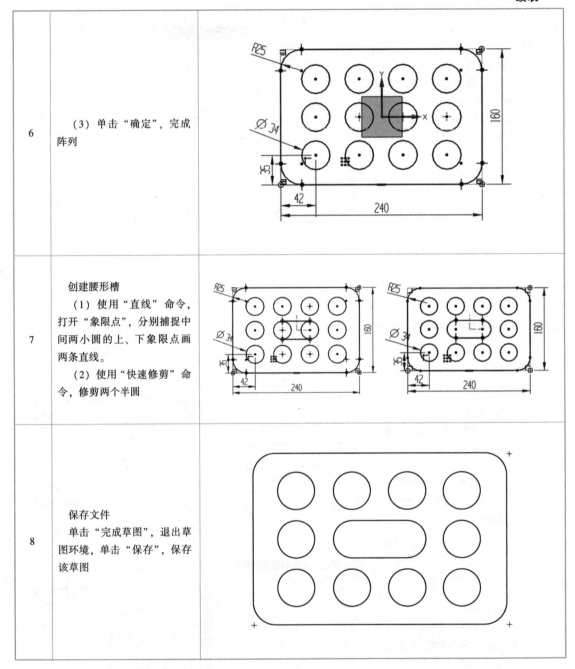
7	创建腰形槽 （1）使用"直线"命令，打开"象限点"，分别捕捉中间两小圆的上、下象限点画两条直线。 （2）使用"快速修剪"命令，修剪两个半圆	
8	保存文件 单击"完成草图"，退出草图环境，单击"保存"，保存该草图	

知识准备

1. 图形的显示控制

在绘图过程中，有时需要调整图形的方向、大小等，也就是对图形显示控制。图形的显示控制主要通过"视图"工具栏中的命令实现，包括"视图操作""定向视图""渲染样式"和其他操作一些工具按钮，"定向视图"下拉菜单工具按钮和"渲染样式"下拉菜单工具按钮分别如表 1-11 和表 1-12 所示。

表 1–11　"定向视图"工具说明

命令	图标	快捷键	作用
适合窗口		F	调整工作视图的中心和比例以显示所有对象
正三轴测图		Home	定向工作视图以与正三轴测图对齐
俯视图		Ctrl+Alt+T	定向工作视图以与俯视图对齐
正等轴测图		End	定向工作视图以与正等轴测图对齐
左视图		Ctrl+Alt+L	定向工作视图以与左视图对齐
前视图		Ctrl+Alt+F	定向工作视图以与前视图对齐
右视图		Ctrl+Alt+R	定向工作视图以与右视图对齐
后视图			定向工作视图以与后视图对齐
仰视图			定向工作视图以与仰视图对齐

表 1–12　"渲染样式"工具说明

命令	图标	作用
带边着色		用光顺着色和打光渲染（工作视图中）面并显示面的边
着色		用光顺着色和打光渲染（工作视图中）面不显示面的边
带有淡化边的线框		按边几何元素渲染（工作视图中的）面，使隐藏边淡化，并在旋转视图时动态更新面
带有隐藏边的线框		按边几何元素渲染（工作视图中的）面，使隐藏边不可见，并在旋转视图时动态更新面
静态线框		按边几何元素渲染（工作视图中的）面
艺术外观		根据指派的基本材料、纹理和光逼真地渲染面
面分析		用曲面分析数据渲染（工作视图中）面分析面，并按边几何元素渲染其余的面

2. 图层

图层是 UG NX 方便进行图形管理的有效工具，通过将不同的图素对象放置在不同的图层中，可以实现控制图形对象的显示。不仅可以根据不同的需要设置图层的状态，还可以实现在图层之间移动对象、复制对象等操作。

一个部件最多可以使用 256 个图层，每一个层上可放置任意数量和类型的对象。在所有层中，只有一个层是工作层，当前的操作也只能在工作层上进行。

1）图层的状态

图层有不可见、仅可见、可选择和工作图层四种状态，通过选择工具栏中工具按钮或快捷键"Ctrl+L"，或选择主菜单【格式】→【图层设置】选项，出现"图层设置"对话框，如图 1–36 所示。

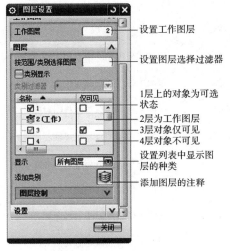

图 1-36 "图层设置"对话框

2) 图层操作

图层常用操作有改变图层状态、在图层中移动对象或复制对象等操作。改变图层状态的操作可以在"图层设置"对话框中完成。

"移动至图层"用于把选择的对象移动到指定的图层。使用主菜单【格式】→【移动至图层】选项,或者单击工具栏图标按钮 进行操作。先选择要移动的对象,在打开的对话框中输入图层号即可。

"复制至图层"用于把选择的对象复制到指定的图层,源对象依然保留在原图层。可以使用主菜单【格式】→【复制至图层】选项,或者单击工具栏图标按钮 进行操作。先选择要复制的对象,在打开的对话框中输入图层号完成复制。

3. 特征的测量与分析

在进行设计或使用已有的设计文件时,经常要对几何特征进行测量或查询相关信息。这些操作可以通过"信息"和"分析"菜单里的相关命令来完成,如图 1-37 所示。

图 1-37 "信息"和"分析"下拉菜单

1）常用信息查询

【对象】主要用于对指定的对象进行综合查询。选择"对象"查询选项会弹出"类选择"对话框，然后在模型中选择需要查询的对象，单击【确定】按钮，系统便会弹出"信息"窗口，里面包含了被查询的每个对象的所有信息，主要包括：名称、图层、颜色、线型和单位等，如图 1-38 所示。

【点】查询包括信息列表创建者、日期、当前工作部件、节点名、信息单位和点的工作坐标和绝对坐标，如图 1-39 所示。

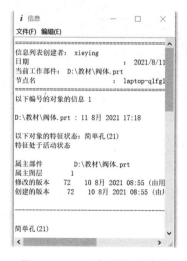

图 1-38　"对象"查询结果　　　　图 1-39　"点"查询结果

2）常用特征分析

【测量距离】用于计算两个对象之间的距离、曲线长度或圆弧、圆周边或圆柱面的半径等。选择菜单栏【分析】→【测量距离】，弹出如图 1-40 所示"测量距离"对话框。

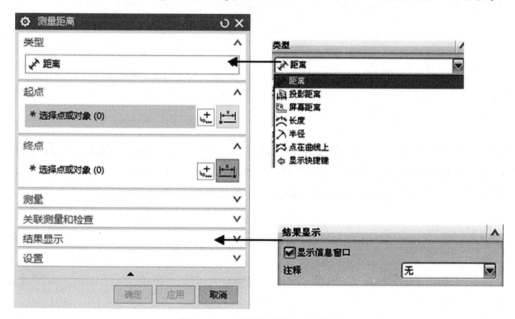

图 1-40　"测量距离"对话框

【测量体】是对指定的对象测量其体积、质量、表面积、惯性矩等几何信息。选择菜单栏【分析】→【测量体】，弹出"测量体"对话框，如图1-41所示。

图1-41　"测量体"对话框

4. 矩形的绘制

在"草图工具"工具栏中单击图标按钮 ▭ ，弹出"矩形"对话框。创建矩形主要有"指定两点画矩形""指定三点画矩形"和"指定中心画矩形"3种方法，如图1-42所示。

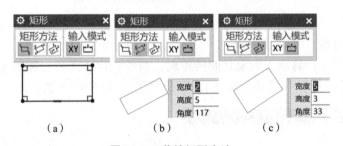

图1-42　草绘矩形方法

（a）指定两点画矩形；（b）指定三点画矩形；（c）指定中心画矩形

5. 派生直线

派生直线有三个用途：（1）创建某一直线的平行线；（2）创建某两条平行直线的平行且平分线；（3）创建某两条不平行直线的角平分线，如图1-43所示。单击工具条图标按钮 ◿ ，若选择1条直线系统生成平行线，若选择2条直线则生成平分线。

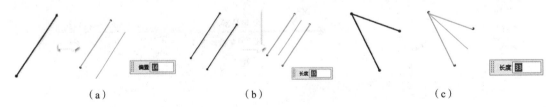

图1-43　派生直线的三种应用

（a）一直线的平行线；（b）两条平行直线的平行且平分线；（c）两条不平行直线的角平分线

6. 偏置曲线

偏置曲线可以对草图平面内的曲线或曲线链进行偏移复制，并对偏置生成的曲线与原曲线进行约束。偏置曲线与原曲线具有关联性，即对原曲线进行的编辑修改，所偏置的曲线也会自动更新。单击工具栏中图标按钮，弹出如图1-44所示"偏置曲线"对话框。

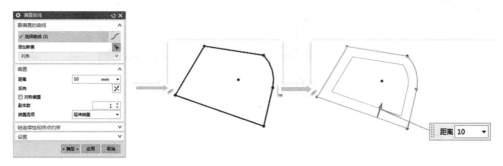

图1-44 "偏置曲线"对话框与操作

7. 阵列曲线

将草图几何对象以某一规律复制成多个新的草图对象。阵列的对象与原对象形成一个整体，当草图自动创建尺寸、自动判断约束时，对象与原对象保持相关性。单击工具条图标按钮，弹出"阵列曲线"对话框。阵列曲线的布局形式主要有线性阵列、圆形阵列等，如图1-45所示。

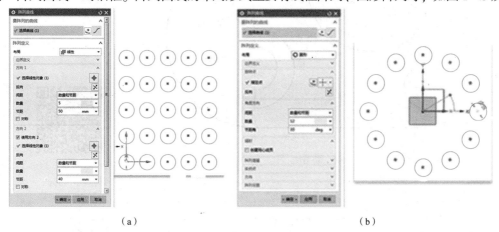

（a）   （b）

图1-45 "阵列曲线"对话框与操作
（a）线性阵列；（b）圆形阵列

线性阵列时，选择阵列对象后，选择阵列方向1矢量，输入数量和间距，如果需要得到矩形阵列，再勾选使用方向2，选择方向2矢量，输入数量和间距，出现阵列预览，单击"确定"完成阵列。

圆形阵列时，选择阵列对象后，选择阵列旋转点，输入数量和节距角，单击"确定"完成阵列。

8. 转换至/参考对象

转换至/参考对象是将某个草图中的曲线转成参考线，草图转成参考线后，不参与实体特征造型。单击工具条图标按钮 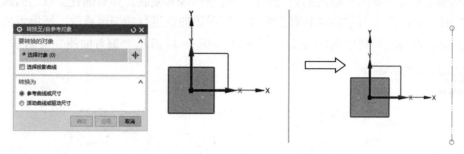，弹出"转换至/自参考对象"对话框，选择要转换的图形对象，单击"确定"按钮，图形被转为参考对象，如图 1-46 所示。

图 1-46 "转换至/自参考对象"对话框与操作

任务延拓

自主完成如图 1-47 和图 1-48 所示两个课后延拓任务，练习草图绘制。

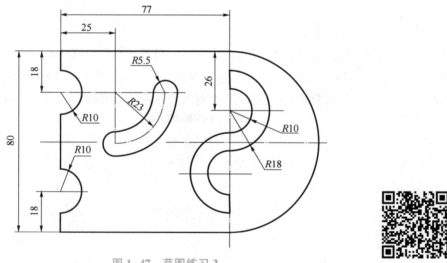

图 1-47 草图练习 3

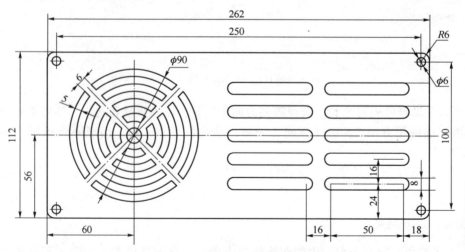

图 1-48 草图练习 4

根据任务完成情况，填写任务实施评价表1-13。

表 1-13　任务实施评价表

任务名称		模板草图绘制			
班级		姓名			
地点		日期			
第___小组成员					
序号	评价内容	分值	自评（25%）	小组评价（25%）	教师评价（50%）
1	学习态度	5			
2	课前尝试任务完成度	15			
3	课中工作任务完成度	30			
4	课后探索任务完成度	25			
5	任务实施方案的多样性	10			
6	完成的速度	5			
7	小组合作与分工	5			
8	学习成果展示与问题回答	5			
总分		100	合计：		
问题记录和解决方法	实施中出现的问题和采取的解决方法				

任务1.3　拨叉草图绘制

任务目标

1. 掌握多边形、椭圆及槽的绘制方法。
2. 掌握复制、旋转等草图命令的使用。
3. 掌握尺寸的标注及几何约束的应用。
4. 能够根据尺寸要求熟练准确地绘制草图。
5. 能够合理地使用尺寸标注与草图约束。
6. 能够完成中等复杂程度草图。
7. 通过拨叉草图的绘制，能熟练地绘制零件的草图，提升学生的识图能力。

8. 通过自主完成学习任务，培养独立思考与解决问题的能力。

9. 使学生感受 3D 工业软件的发展，培养制造业强国的爱国情怀。

 工作任务

拨叉草图如图 1-49 所示，完成该草图绘制。

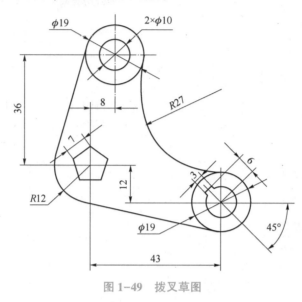

图 1-49　拨叉草图

任务分析

本任务目标是绘制拨叉草图，通过曲线的绘制、曲线的编辑、草图标注及约束等基本操作来完成拨叉草图的绘制。

拨叉草图由圆、正五边形、连接圆弧和槽等组成，形状不规则。可以使用多边形、圆、直线、圆弧、修剪、约束等命令完成图形绘制。

任务尝试

在完成拨叉草图任务之前，先自主完成如图 1-50 和图 1-51 所示两个课前尝试任务，可参考二维码链接的视频边学边练。

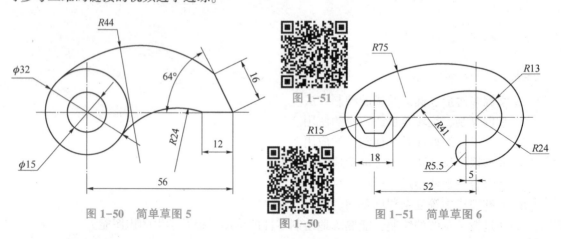

图 1-50　简单草图 5

图 1-51　简单草图 6

图 1-50

图 1-51

建议：先自主完成两个课前尝试任务，再参考拨叉草图绘制的实施过程（见表1-14）完成工作任务，并思考还有其他绘图方法吗？

表1-14　拨叉草图绘制的实施过程

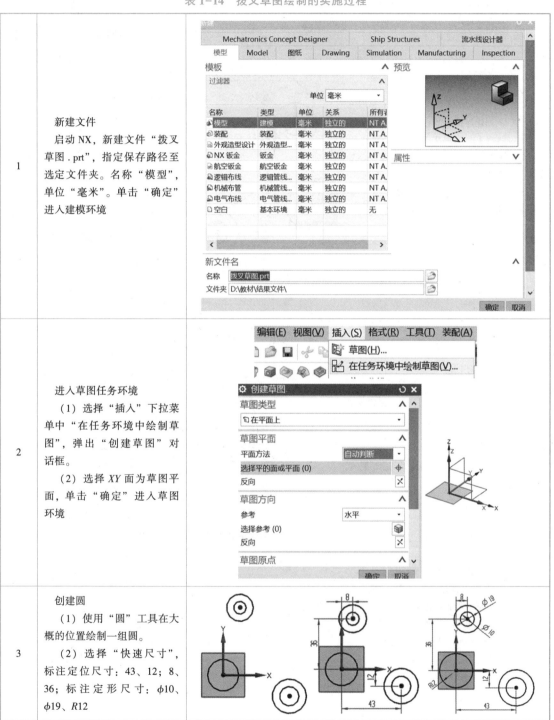

1	新建文件 启动NX，新建文件"拨叉草图.prt"，指定保存路径至选定文件夹。名称"模型"，单位"毫米"。单击"确定"进入建模环境	
2	进入草图任务环境 （1）选择"插入"下拉菜单中"在任务环境中绘制草图"，弹出"创建草图"对话框。 （2）选择XY面为草图平面，单击"确定"进入草图环境	
3	创建圆 （1）使用"圆"工具在大概的位置绘制一组圆。 （2）选择"快速尺寸"，标注定位尺寸：43、12；8、36；标注定形尺寸：φ10、φ19、R12	

4	添加约束 分别选择内、外圆，在出现的选择条中选择"等半径"	
5	创建连接圆弧 （1）使用工具栏中"圆弧"命令，用"三点定圆弧"方法创建近似的圆弧。 （2）选择右下角圆和圆弧，在出现的选项条中选择"相切"约束	
6	绘制相切线 修剪圆弧，标注圆弧半径为 R27	
7	绘制正五边形 选择"多边形"工具，在对话框中设置：边数 5，大小为"边长"，长度为 7，旋转为 18 或 90；选择坐标原点为"中心点"，结果如右图所示	

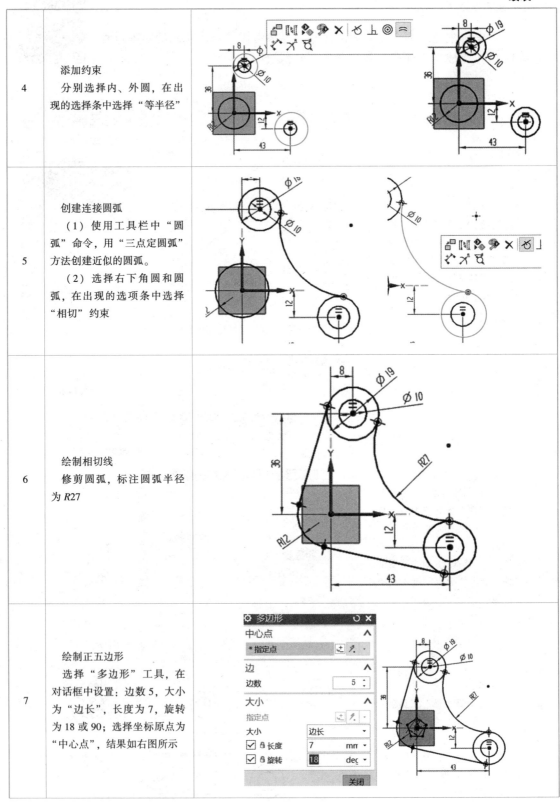

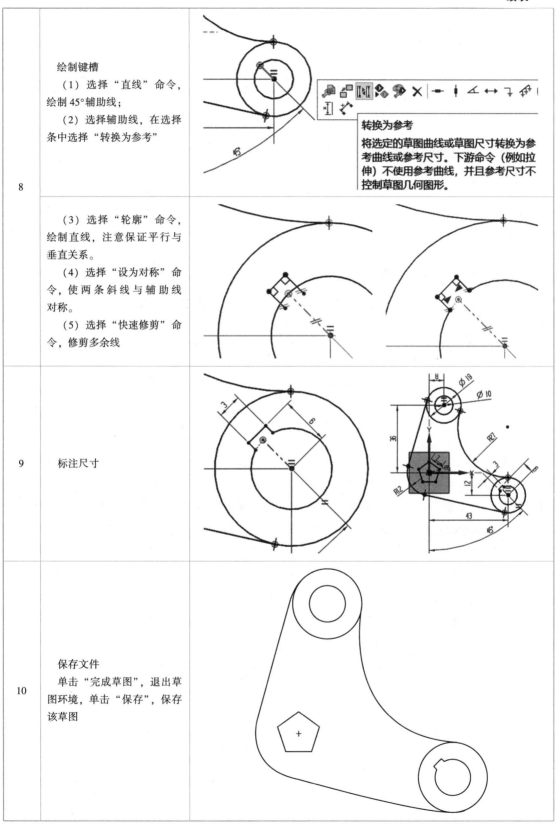

8	绘制键槽 （1）选择"直线"命令，绘制45°辅助线； （2）选择辅助线，在选择条中选择"转换为参考"	**转换为参考** 将选定的草图曲线或草图尺寸转换为参考曲线或参考尺寸。下游命令（例如拉伸）不使用参考曲线，并且参考尺寸不控制草图几何图形。
	（3）选择"轮廓"命令，绘制直线，注意保证平行与垂直关系。 （4）选择"设为对称"命令，使两条斜线与辅助线对称。 （5）选择"快速修剪"命令，修剪多余线	
9	标注尺寸	
10	保存文件 单击"完成草图"，退出草图环境，单击"保存"，保存该草图	

知识准备

1. 多边形的绘制

在"草图工具"中单击图标按钮 ⊙，打开"多边形"对话框。创建多边形主要有"指定中心点、边数、内切圆半径和旋转角度""指定中心点、边数、外接圆半径和旋转角度"和"指定中心点、边数、边长和旋转角度"3 种方法，如图 1-52 所示。

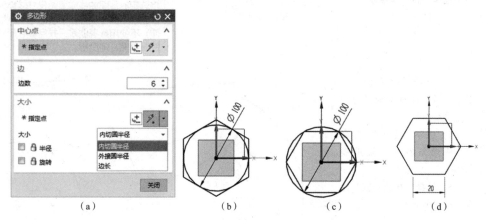

图 1-52 "多边形"对话框与操作

（a）"多边形"对话框；（b）方法一；（c）方法二；（d）方法三

2. 椭圆和椭圆弧的绘制

单击"草图工具"工具栏图标 ✦，弹出"椭圆"对话框，给定椭圆的中心点、大半径、小半径和旋转角度，在"限制"选项组中勾选"封闭"复选框，单击"确定"得到椭圆。如果在"限制"选项组中不勾选"封闭"复选框，则得到椭圆弧，如图 1-53 所示。

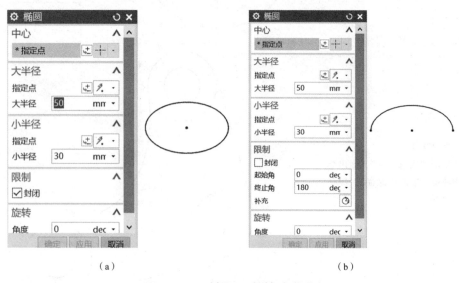

图 1-53 "椭圆"对话框与操作

（a）椭圆；（b）椭圆弧

3. 添加现有的曲线

用于将已有的不属于草图对象的点或曲线，添加到当前的草图平面中。由没有参数的要素转变为有参数的要素。单击"草图工具"工具栏图标按钮 ⚎○，弹出"添加曲线"对话框，选择非本草图对象的点或曲线，单击"确定"得到带参数草图对象，如图 1-54 所示。

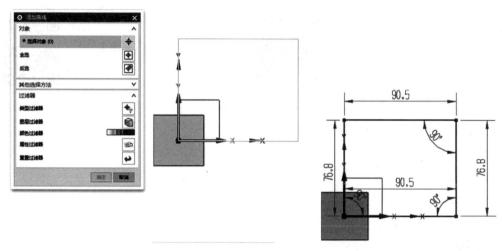

图 1-54 "添加曲线"对话框与操作

4. 投影曲线

投影曲线是指将能够抽取的对象（关联和非关联曲线、点或捕捉点，包括直线的端点以及圆弧和圆的中心）沿垂直于草图平面的方向投影到草图平面上。选择要投影的曲线或点，系统将曲线从选定的曲线、面或边上投影到草图平面或实体曲面上，成为当前草图对象。

单击"草图工具"栏图标按钮 ⏷，弹出"投影曲线"对话框，选择要投影的曲线或点，单击"确定"得到草图对象，如图 1-55 所示。

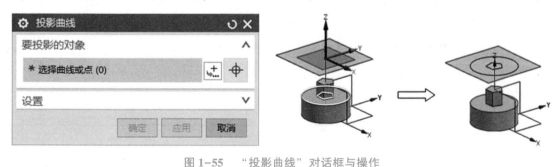

图 1-55 "投影曲线"对话框与操作

任务延拓

自主完成如图 1-56 和图 1-57 所示两个课后延拓任务，练习草图绘制。

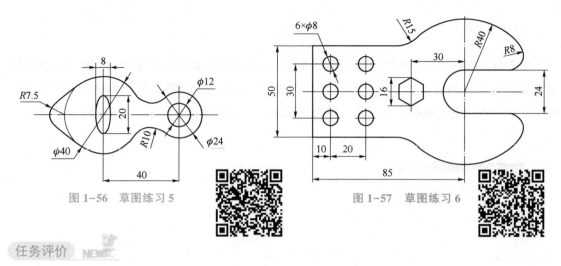

图 1-56 草图练习 5   图 1-57 草图练习 6

根据任务完成情况，填写任务实施评价表 1-15。

表 1-15 任务实施评价表

任务名称		拨叉草图绘制			
班级			姓名		
地点			日期		
第___小组成员					
序号	评价内容	分值	自评 （25%）	小组评价 （25%）	教师评价 （50%）
1	学习态度	5			
2	课前尝试任务完成度	15			
3	课中工作任务完成度	30			
4	课后探索任务完成度	25			
5	任务实施方案的多样性	10			
6	完成的速度	5			
7	小组合作与分工	5			
8	学习成果展示与问题回答	5			
总分		100	合计：		
问题记录和 解决方法	实施中出现的问题和采取的解决方法				

项目小结

本项目通过 3 个工作任务实践，深入浅出地介绍了 UG NX 软件二维草绘功能和操作知识。通过本项目的学习，掌握草图绘制的步骤及草图工作平面的选用方法。可以熟练使用"草图工具"中：轮廓线、直线、圆、圆弧、矩形、多边形、椭圆等草图创建命令，倒圆角、倒斜角、制作拐角、快速修剪、快速延伸等草图编辑命令，曲线偏置、派生直线、阵列曲线、镜像曲线、添加现有曲线、曲线投影等曲线操作命令。掌握编辑图形、标注尺寸、几何约束和草图诊断等知识。在任务实践方面，应注重在操作中体会二维图形的绘制思路和步骤，学会举一反三。学好二维草绘，对三维建模的学习会起到事半功倍的效果。

项目考核

一、填空题

1. 利用_____命令，可以将两条曲线之间尖角连接。长的部分自动裁掉，短的部分自动延伸。

2. 利用"倒斜角"命令，可以在两条曲线之间倒斜角，包括_____、_____、_____三种方法。

3. 利用_____命令，可以在两条或三条曲线之间倒圆角，包括_____、_____、_____三种方法。

4. "快速修剪"命令可以以任一方向将曲线修剪至最近的交点或选定的边界，主要有_____、_____、_____三种修剪方法。

5. _____将草图元素延伸到另一临近曲线或选定的边界线处。

6. _____是指将草图几何对象以指定的一条直线为对称中心线，镜像复制成新的草图对象。镜像的对象与_____形成一个整体，并且保持相关性。

7. 阵列曲线是指将草图几何对象以某一规律_____草图对象。

8. _____是将某个草图中的曲线转成参考线，草图转成参考线后，不参与实体特征造型。

9. _____就是设置约束方式限制草绘曲线在工作平面内的准确位置，从而保证草绘曲线的准确性。

二、选择题

1. （ ）用于将已有的不属于草图对象的点或曲线，添加到当前的草图平面中。由没有参数的要素转变为有参数的要素。

A. 添加现有的曲线　　　　B. 镜像曲线　　　　C. 投影曲线　　　　D. 编辑曲线

2. （ ）是指对草图平面内的曲线或曲线链进行偏置，并对偏置生成的曲线与原曲线进行约束。偏置曲线与原曲线具有关联性，即对原曲线进行的编辑修改，所偏置的曲线也会自动更新。

A. 镜像曲线　　　　B. 曲线偏置　　　　C. 投影曲线　　　　D. 编辑曲线

3. （ ）用于定位草图对象和确定草图对象之间的相互几何关系。

A. 尺寸约束　　　　B. 尺寸标注　　　　C. 几何约束　　　　D. 曲线偏置

4. （ ）是由系统对草图元素相互间的几何位置关系自动进行判断，并自动添加到草图对象上的约束方法。

A. 尺寸约束　　　　B. 显示/移除约束　　　　C. 手动约束　　　　D. 自动约束

5. （ ）修剪方法可以绘制出一条曲线链，然后将与曲线链相交的曲线部分全部修剪。

A. 边界修剪　　　　B. 统一修剪　　　　C. 单独修剪　　　　D. 按 Del 键修剪

三、判断题（错误的打×，正确的打√）

1. 草图必须在草图工作平面绘制，对草图移动、旋转等编辑，只能在平面内进行，不能在三维空间进行。　　　　　　　　　　　　　　　　　　　　　　（　　）

2. 草图尺寸约束中的自动判断，只能约束线性尺寸，不能约束角度尺寸。　（　　）

3. 要想修改已经完成的草图，可以双击该草图或在部件导航器中选中该草图，然后右

键菜单中选"编辑"或"可回滚编辑",进入草图环境进行编辑。　　　　　　　( )

4.利用制作拐角命令可以将两条曲线之间尖角连接,长的部分自动裁掉,短的部分不能自动延伸。　　　　　　　　　　　　　　　　　　　　　　　　　　( )

5.曲线投影可以将所有的二维曲线、实体或片体边界,沿草图工作平面的法线方向进行投影而成为草图。　　　　　　　　　　　　　　　　　　　　　　　　( )

四、问答题

1.什么是草图?如何进入草图任务环境?通过哪些方法可以绘制草图?

2.简述绘制草图的步骤。

3.草图工作平面创建方法有哪几种?

4.派生直线有哪几种用途?

5.草图约束在绘制草图中起什么作用?

五、草图练习

完成图1-58和图1-59草图的绘制。

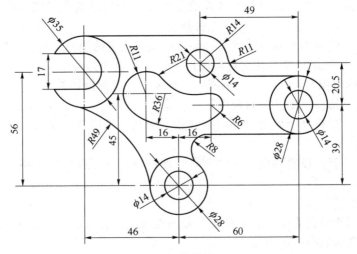

图1-58 草图练习7

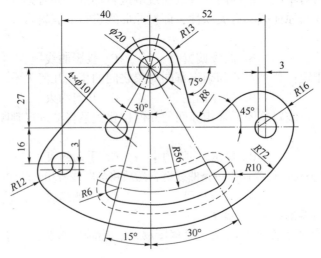

图1-59 草图练习8

项目 2　机械零件建模

本项目对标"1+X"《机械产品三维模型设计职业技能等级标准》知识点

（1）中级能力要求 1.1.1 能运用草图绘制方式，正确绘制零件草图。

（2）中级能力要求 1.1.2 能运用特征建模方式，正确构建机械零件。

（3）中级能力要求 1.1.3 能运用模型编辑的方法，结合机械零件模型的特征修改模型。

机械零件按形状和作用可分为轴套类、盘盖类、叉架类和箱体类零件，每类零件都具有鲜明的结构特点。通过本项目的学习，帮助学生在掌握数字化设计技能的同时，进一步提高读图能力。

任务 2.1　轴套类零件建模

任务目标

1. 掌握轴套类零件的结构特点、建模方法及技巧。
2. 掌握圆柱等基本体素特征的创建方法。
3. 掌握孔、键槽、槽、倒斜角、倒圆角、螺纹及基准面的应用。
4. 能够应用三维 CAD 软件进行实体建模。
5. 能够使用基本体素工具、成型特征和细节特征进行轴类零件造型。
6. 能够完成典型轴类零件的建模任务。
7. 通过轴类零件三维模型的创建，初步掌握常见三维模型的创建方法。
8. 通过鼓励学生选择多种方法完成学习任务，培养创新思维与独立思考的能力。

工作任务

根据如图 2-1 所示阶梯轴零件图，完成零件的三维造型设计。

任务分析

轴是组成部件和机器的重要零件，一切做回转运动的传动零件，如齿轮、带轮等，都必须安装在轴上进行运动及动力的传递，主要功能是支撑回转零件及传递运动和动力。

轴按照其形状不同，可以分为直轴和曲轴，而直轴又可以分为光杆轴和阶梯轴。通过对阶梯轴和空心轴零件造型，使学生熟练掌握圆柱、键槽、环形槽、倒斜角、倒圆角等基本造型特征的使用方法，掌握三维建模的基本技巧。造型方法对于其他轴类零件造型具有一定的借鉴作用。

阶梯轴零件图样如图 2-1 所示，图样分析可知，它属于典型的轴类零件，其结构主要由圆柱轴段、键槽、退刀槽、螺纹和倒角组成，特别适合使用圆柱、键槽、槽、螺纹、倒斜角等基本体素和成形特征进行创建。

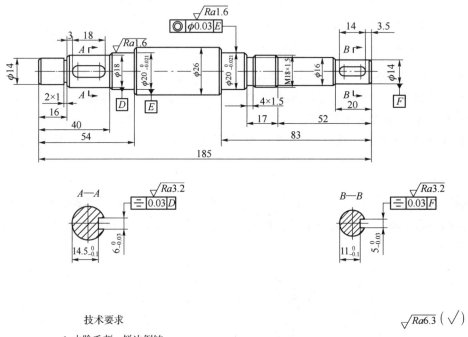

技术要求

1. 去除毛刺，锐边倒钝。
2. 未注倒角为C1。
3. 未注尺寸公差按GB/T 1804—2000-m。
4. 未注几何公差按GB/T 1184—1996-K。

图 2-1　阶梯轴零件图

在完成阶梯轴零件造型任务之前，先自主完成如图 2-2 和图 2-3 所示两个课前尝试任务。其中尝试任务 1 要求：（1）建立一个 100 mm×100 mm×100 mm 的立方体，位置位于 XC＝50，YC＝50，ZC＝0 处。（2）在四个角处各建立一个直径为 20 mm，高为 100 mm 的圆柱，做布尔差的运算。（3）在立方体的顶面中心建一个圆锥，顶部直径＝25 mm，底部直径＝50 mm，高度＝25 mm，做布尔和的运算。（4）将 PART 文件等轴测放置后存盘。可参考二维码链接的视频边学边练。

图 2-2

图 2-3

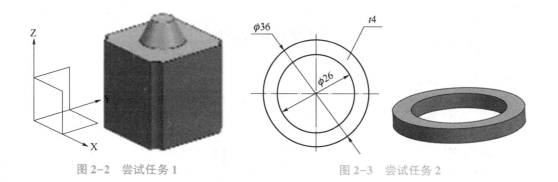

图 2-2 尝试任务 1　　　　　　　　　　　　　　图 2-3 尝试任务 2

任务实施

阶梯轴零件建模流程如图 2-4 所示。

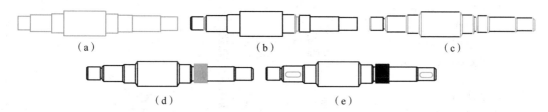

图 2-4　阶梯轴零件建模流程

（a）阶梯轴主体部分；（b）2 处退刀槽；（c）10 处倒角；（d）1 处螺纹；（e）2 处键槽

提示：任何零件可以有多种方法造型，轴套类零件既可以采用圆柱或圆台累加的方式创建，也可以采用草图截面回转或拉伸的方式构建其零件主体。

建议：先自主完成两个课前尝试任务，再参考表 2-1 的建模实施过程，完成阶梯轴零件建模工作任务，并思考还有其他建模方法吗？

表 2-1　建模实施过程

1	新建文件 　　文件名为"阶梯轴 .prt"，单位为"毫米"，模板为"模型"，选择文件存储位置，单击"确定"新建文件	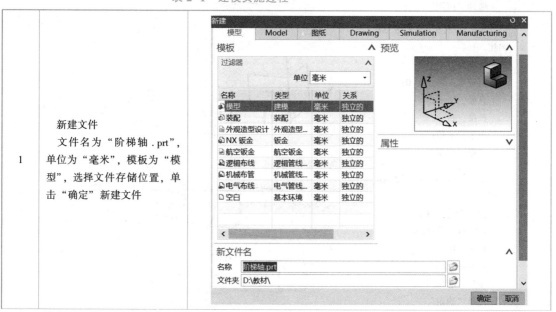

	创建阶梯轴主体 （1）使用"特征"工具栏"圆柱"工具创 $\phi14$ mm ×185 mm圆柱。 　指定矢量：XC； 　指定点：0，0，0； 　直径：14； 　长度：185； 　布尔：无； 　选择"确定"		
	（2）使用"特征"工具栏"圆柱"工具创 $\phi18$ mm ×117 mm圆柱。 　指定矢量：XC； 　指定点：16，0，0； 　直径：18； 　长度：117； 　布尔：求和； 　选择"应用"		
2	（3）创 $\phi20$ mm×76 mm 圆柱。 　指定矢量：XC； 　指定点：40，0，0； 　直径：20 mm； 　长度：76 mm； 　布尔：求和； 　选择"应用"		
	（4）创 $\phi26$ mm × 48 mm圆柱。 　指定矢量：XC； 　指定点：54，0，0； 　直径：26 m； 　长度：48 m； 　布尔：求和； 　选择"应用"		
	（5）创 $\phi16$ mm × 32 mm圆柱。 　指定矢量：XC； 　指定点：捕捉圆心； 　直径：16 mm； 　长度：32 mm； 　布尔：求和； 　选择"确定"		

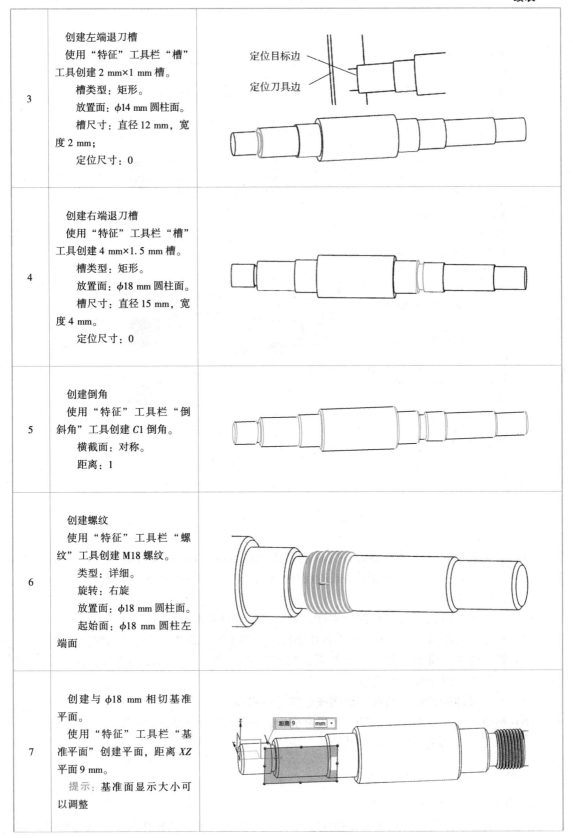

3	创建左端退刀槽 使用"特征"工具栏"槽"工具创建 2 mm×1 mm 槽。 　槽类型：矩形。 　放置面：ϕ14 mm 圆柱面。 　槽尺寸：直径 12 mm，宽度 2 mm； 　定位尺寸：0	
4	创建右端退刀槽 使用"特征"工具栏"槽"工具创建 4 mm×1.5 mm 槽。 　槽类型：矩形。 　放置面：ϕ18 mm 圆柱面。 　槽尺寸：直径 15 mm，宽度 4 mm。 　定位尺寸：0	
5	创建倒角 使用"特征"工具栏"倒斜角"工具创建 C1 倒角。 　横截面：对称。 　距离：1	
6	创建螺纹 使用"特征"工具栏"螺纹"工具创建 M18 螺纹。 　类型：详细。 　旋转：右旋 　放置面：ϕ18 mm 圆柱面。 　起始面：ϕ18 mm 圆柱左端面	
7	创建与 ϕ18 mm 相切基准平面。 使用"特征"工具栏"基准平面"创建平面，距离 XZ 平面 9 mm。 　提示：基准面显示大小可以调整	

8	创建键槽 18 mm×6 mm×3.5 mm。 键槽类型：矩形。 放置面：上步创建的基准面。 选择特征边：接受默认边。 水平参考：X 轴。 键槽尺寸：长 18 mm，宽 6 mm，深 3.5 mm。 定位："线落到线上" （选择"X 轴"和"对称长虚线"）和"水平" （选择"圆弧中心"和"相切点"，尺寸为 3）	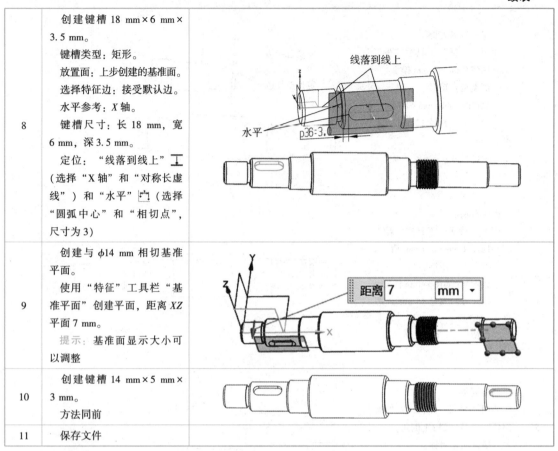
9	创建与 φ14 mm 相切基准平面。 使用"特征"工具栏"基准平面"创建平面，距离 XZ 平面 7 mm。 提示：基准面显示大小可以调整	
10	创建键槽 14 mm×5 mm×3 mm。 方法同前	
11	保存文件	

 知识准备

1. 三维建模操作流程

UG NX 的功能操作都是在零部件文件的基础上进行的，UG 的文件是以"filename. prt"格式存储（也可以另存为一些通用格式的设计文件）。三维建模操作流程如下：

（1）启动 UG NX 10.0；

（2）新建文件或打开已经存在的文件，对已有的零件查看或修改；

（3）根据设计需要，进入相应的设计功能模块，如建模、制图、装配或结构分析等模块；

（4）进行相关的准备工作，如坐标系、层和参数的设置，为具体的设计指定相应的参数（如造型精度、模型颜色和线型等）；

（5）开始具体的设计、装配、绘图或结构分析操作；

（6）检查零部件模型的正确性，如果有必要，对模型进行相应的修改；

（7）保存相应的文件后，退出系统。

2. 基准特征种类及创建方法

1）基准特征的种类

在建模过程中，经常会遇到需要指定基准特征的情况。如在圆柱体面上生成键槽时，需要指定平面作为放置面，此时需要建立基准平面；在指定矢量方向时，需要建立基准轴；有的情况还需要建立基准坐标系。基准特征的种类有：基准平面、基准轴、基准坐标系和基准点。

2）基准特征的创建方法

（1）基准平面。

单击主菜单【插入】→【基准/点】→【基准平面】或单击"特征"工具栏图标按钮 ，弹出"基准平面"对话框，如图 2-5 所示。在"类型"下拉列表中可以选择基准平面的创建类型。

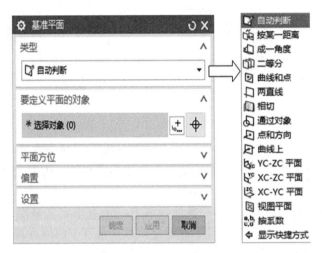

图 2-5　"基准平面"对话框

● 自动判断。自动判断方式创建基准平面包括"选定一个点""两个点""三个点"和"一个平面" 4 种方式，如图 2-6 所示。

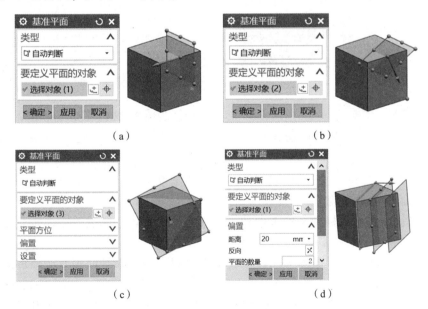

图 2-6　"自动判断"创建基准平面

（a）选定一个点方式；（b）选定两个点方式；（c）选定三个点方式；（d）选定一个平面方式

● 按某一距离。选择一个平面或基准平面并输入偏置值，建立一个基准平面。该平面与参考平面的距离为所设置的偏置值，如图2-7所示。

● 成一角度。选择一个平面或基准平面，再选择一条直线或轴，建立一个"成一角度"基准平面。该平面与参考平面的夹角为所设置的角度值，如图2-8所示。

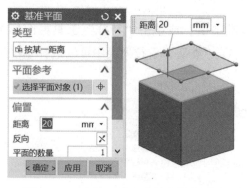

图2-7　"按某一距离"创建基准平面　　　　图2-8　"成一角度"创建基准平面

● 二等分。选择两个平行或不平行的平面或基准面，系统会在所选的平面之间创建基准平面。创建的基准平面与所选的两个平面的距离或角度相等，即两个选定面的平分面，如图2-9所示。

● 曲线和点。通过选择一个点和一条曲线或者一个点来定义基准平面。若选择一个点和一条曲线，当点在曲线上时，该基准平面通过该点且垂直于曲线在该点处的切线方向；当点不在曲线上时，则该基准平面通过该点和该条曲线，如图2-10所示。

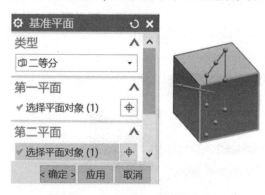

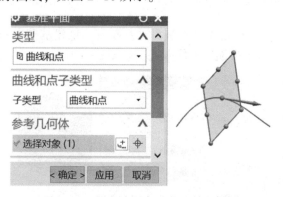

图2-9　"二等分"创建基准平面　　　　图2-10　"曲线和点"创建基准平面

● 相切。通过选择一个圆锥体或圆柱体来创建基准平面，该基准平面与圆锥体或圆柱体表面相切，如图2-11所示。

● 点和方向。通过选择一个参考点和一个参考矢量，建立通过该点而垂直于所选矢量的基准平面，如图2-12所示。

● 曲线上。通过选择一条参考曲线创建基准平面，该基准平面垂直于该曲线某点处的切线矢量或法向矢量。通过位置选择方式来确定该基准平面的位置，如图2-13所示。

● XC-ZC平面。XC-ZC平面方式是将XC-ZC平面偏置某一距离来创建基准平面，如图2-14所示。XC-YC平面方式、YC-ZC平面方式与XC-ZC平面方式类似，这里不再赘述。

图 2-11 "相切"创建基准平面　　　　　　图 2-12 "点和方向"创建基准平面

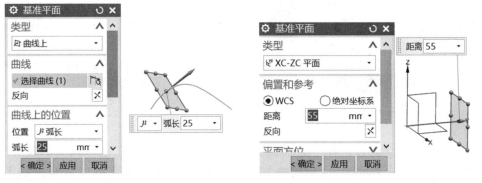

图 2-13 "曲线上"创建基准平面　　　图 2-14 "XC-ZC 平面"创建基准平面

（2）基准轴。

基准轴可用于旋转中心、镜像中心，也可用于指定拉伸体和基准平面的方向。创建基准轴的方法与创建基准平面的方法大致相同。

单击菜单【插入】→【基准/点】→【基准轴】或单击"特征"工具栏图标按钮↑，弹出"基准轴"对话框，如图 2-15 所示。在"类型"下拉列表中可以选择基准轴的创建类型。

图 2-15 "基准轴"对话框

● 自动判断。系统根据所选对象选择可用的约束，自动判断生成基准轴。a. 选择一条已存在的直线，创建的基准轴与该直线重合；b. 选择或构造一个点，再选择一条直线，创建的基准轴通过该点且平行于该直线；c. 选择或构造两个点，创建的基准轴通过这两个点；d. 选择圆柱或圆锥表面，创建的基准轴通过圆柱或圆锥的轴线，如图2-16所示。

● 交点。通过选择两个平面来创建基准轴，所创建的基准轴与这两个平面的交线重合，如图2-17所示。

图2-16 "自动判断"创建基准轴　　　　　图2-17 "交点"创建基准轴

● 曲线上矢量。通过选择一条曲线上的任意点来定义基准轴，该点的位置可以通过改变弧长来调整，所创建的基准轴与所选曲线可以相切，也可以垂直，如图2-18所示。

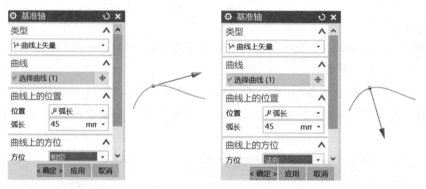

图2-18 "曲线上矢量"创建基准轴

● 曲线/面轴。通过选择一条直线或面的边来创建基准轴，所创建的基准轴与该直线或面的边重合，如图2-19所示。

● XC轴。创建的基准轴与XC轴重合。同理，创建的基准轴与YC轴重合；创建的基准轴与ZC轴重合，如图2-20所示。

● 点和方向。通过选择一个参考点和一个参考矢量，建立通过该点且平行或垂直于所选矢量的基准轴，如图2-21所示。

● 两点。通过选择两点方式来定义基准轴，选择时可以利用"点"对话框来帮助进行选择。指定的第一点为基准轴的定点，第一点到第二点的方向为基准轴的方向，如图2-22所示。

图 2-19　"曲线/面轴"创建基准轴

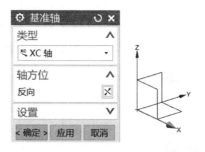

图 2-20　"XC 轴"创建基准轴

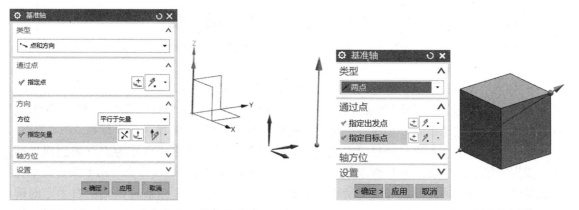

图 2-21　"点和方向"创建基准轴　　　　图 2-22　"两点"创建基准轴

（3）基准坐标系。

就是在视图中创建一个类似于原点坐标系的新坐标系，该坐标系同样有矢量方向等性质。

单击主菜单【插入】→【基准/点】→【基准 CSYS】或单击工具栏图标按钮，弹出"基准 CSYS"对话框，如图 2-23 所示。在"类型"下拉列表中可以选择基准 CSYS 的创建类型。

图 2-23　"基准 CSYS"对话框

● 动态。利用拖动球形手柄来旋转坐标系，拖动方形手柄来移动坐标系，也可以通过直接输入 X、Y、Z 方向上要移动的距离来移动坐标系，如图 2-24 所示。

● 自动判断。根据用户选择的对象和输入的分量参数自动判断一种方法来创建一个坐标系。例如，选择实体平面创建的坐标系位于平面的正中心，如图 2-25 所示。

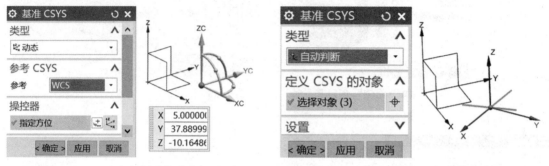

图 2-24　"动态"创建基准坐标系　　　　　　图 2-25　"自动判断"创建基准坐标系

● 原点，X 点，Y 点。通过用户依次指定的 3 个点来创建一个坐标系。用户指定的第 1 个点为原点，第 1 个点与第 2 个点的矢量为坐标系的 X 轴，第 1 个点与第 3 个点的矢量为坐标系的 Y 轴，而坐标系的 Z 轴由右手定则来确定。创建如图 2-26 所示的坐标系。

● X 轴，Y 轴，原点。通过定义或选择两个矢量，然后指定一点作为原点来创建坐标系。指定的第 1 条直线作为 X 轴方向，第 2 条直线为 Y 轴方向，通过原点与第 1 条直线平行的矢量作为 X 轴，通过原点与该矢量垂直的矢量作为 Y 轴，而坐标系的 Z 轴由右手定则确定。创建如图 2-27 所示的坐标系。"Z 轴，X 轴，原点"和"Z 轴，Y 轴，原点"创建坐标系的方法同上。

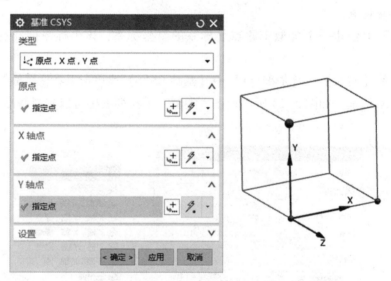

图 2-26　"原点，X 点，Y 点"创建基准坐标系

● 绝对 CSYS。创建与绝对坐标系重合的基准坐标系。

● 当前视图的 CSYS。使用当前视图创建坐标系。坐标系的原点为该视图的中心，视图水平向右方向为 X 轴，竖直向上方向为 Y 轴，垂直于屏幕向外的方向为 Z 轴，如图 2-28 所示。

● 偏置 CSYS。选择一个坐标系作为参考坐标系，然后输入相对于该坐标系的偏置距离以及旋转的角度来创建一个新的坐标系，如图 2-29 所示。

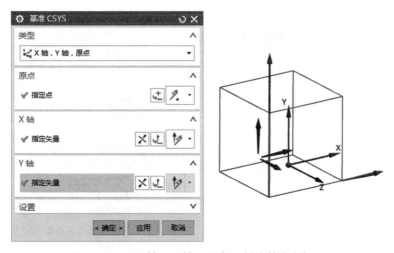

图 2-27 "X 轴, Y 轴, 原点"创建基准坐标系

图 2-28 "当前视图的 CSYS"创建基准坐标系

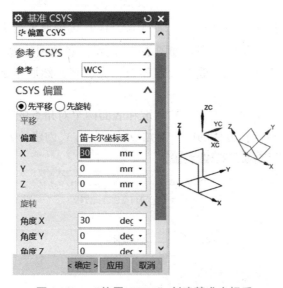

图 2-29 "偏置 CSYS"创建基准坐标系

（4）点。

点就是在视图中创建一个或一系列点。这些点可以用来为创建基本体（长方体、圆柱体、圆锥体、球体）确定位置，也可以在实体特征上打孔定位。

单击主菜单【插入】→【基准/点】→【点】或单击工具栏图标按钮╋，弹出"点"对话框，如图 2-30 所示。在"类型"下拉列表中可以选择点的创建类型，创建方法与其他

CAD 类似，不再赘述。

图 2-30　"点"对话框

3. 基本体素特征

在产品造型过程中，创建形状结构简单的对象，可以使用基本体素特征。基本体素特征包括长方体、圆柱、圆锥和球。此外还有依附在其他特征上的成型特征，包括孔、凸台、垫块、腔体、键槽、槽、螺纹等，具有操作集成、简便的特点。

1）长方体

单击主菜单【插入】→【设计特征】→【长方体】选项或单击工具栏图标按钮 ，系统弹出"块"对话框。其"类型"列表如图 2-31 所示。各选项的含义如下：

（1）原点和边长。在文本框中输入长方体长、宽、高，然后指定一点作为长方体前面左下角的顶点。

（2）两点和高度。指定 Z 轴方向上的高度和底面两个对角点的方式创建长方体。

（3）两个对角点。指定长方体的两个对角点位置的方式创建长方体。

图 2-31　"块"对话框

2）圆柱

单击主菜单【插入】→【设计特征】→【圆柱】选项或单击工具栏图标按钮![icon]，弹出"圆柱"对话框。其"类型"下拉列表如图 2-32 所示。各选项的含义如下：

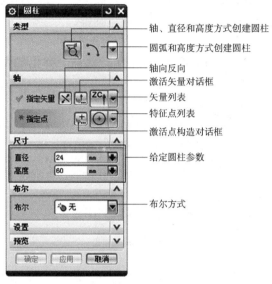

图 2-32　"圆柱"对话框

（1）轴、直径和高度。先指定圆柱的矢量方向和底面的中点位置，然后设置其直径和高度即可。

（2）圆弧和高度。先指定圆柱的高度，再按所选择的圆弧创建圆柱。在该对话框中，首先选择一个圆弧，然后在"尺寸"栏中输入高度，选择相应的布尔运算，单击"确定"即可完成圆柱的创建。

3）圆锥

单击主菜单【插入】→【设计特征】→【圆锥】选项或单击工具栏图标按钮![icon]，弹出如图 2-33 所示"圆锥"对话框。下面分别介绍对话框中的 5 种圆锥生成方式。

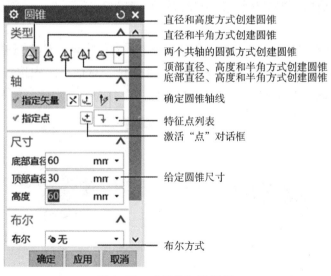

图 2-33　"圆锥"对话框

（1）直径和高度。指定底部直径、顶部直径和高度来生成圆锥。

（2）直径和半角。指定底部直径、顶部直径、半角及生成方向来创建圆锥。

（3）底部直径、高度和半角。指定底部直径、高度和半角来创建圆锥。

（4）顶部直径、高度和半角。指定顶部直径、高度、半角及生成方向来创建圆锥。

（5）两个共轴的圆弧。指定两同轴圆弧来创建圆锥。

4）球

单击主菜单【插入】→【设计特征】→【球】选项，弹出如图 2-34 所示"球"对话框。下面介绍该对话框中两种生成球的方式。

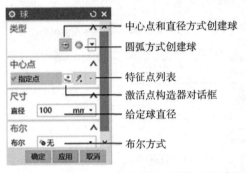

图 2-34 "球"对话框

（1）中心点和直径。指定直径和球心来创建球。

（2）圆弧。指定圆弧来创建球。

4. 布尔运算

布尔运算是对已存在的两个或多个实体进行求和、求差和求交的操作，经常用于需要剪切实体、合并实体以及获取实体交叉部分的情况。布尔运算分为独立操作和在创建特征的对话框中选择操作。

操作中的实体分为目标体和工具体（也称为刀具体）。目标体是最先选择的需要与其他实体进行布尔操作的实体，只能选有一个。工具体用来在目标体上执行布尔操作的实体，可以有多个。操作完成后，刀具体将成为目标体的一部分。

1）合并

用于将两个或两个以上不同的实体合并为一个独立的实体。单击【插入】→【组合】→【合并】选项或单击工具栏图标按钮 ，弹出"合并"对话框。先选择一个目标体，再选择工具体，单击"确定"按钮后，工具体与目标体合并为一个实体，如图 2-35 所示。

图 2-35 "合并"操作

2）求差

用于从目标体中删除一个或多个刀具体，即求实体间的差集。单击【插入】→【组合】→【减去】选项或单击工具栏图标按钮 ，弹出"求差"对话框。先选择一个目标体，再选择工具体，单击"确定"按钮后，目标体删除两者的公共部分，如图 2-36 所示。

图 2-36 "求差"操作

3）求交

用于使目标体和所选工具体之间的相交部分成为一个新的实体，即求实体间的交集。单击【插入】→【组合】→【求交】选项或单击工具栏图标按钮 ，弹出"求交"对话框。先选择一个目标体，再选择工具体，单击"确定"按钮后，得到公共部分的新实体，如图 2-37 所示。

图 2-37 "求交"操作

提示：（1）所选工具体必须与目标体相交，否则会产生出错信息。
　　　　（2）布尔运算也适用于片体的操作。

5. 定位

在创建细节特征（如键槽、槽、腔体、凸台、垫块等）时都要用到特征的定位。不同的特征定位对话框的内容会略有不同，但基本功能和选项一致，常用的定位方式如图 2-38 所示。各定位方式的含义如表 2-2 所示。

图 2-38 "定位"对话框

表 2-2　各定位方式的含义

图标	命令	用法
⊓	水平	水平定位必须确定水平参考。通过选择两点确定在水平参考方向上的定位尺寸
⌐	竖直	竖直也必须确定水平或竖直参考，通过选择两点来确定和水平参考方向垂直的定位尺寸
⋌	平行	选择两点，生成两点之间距离在特征放置面上的投影长度定位尺寸
⋋	垂直	通过指定目标边和工具点，系统以点到线距离方式创建定位尺寸
⊥	按一定距离平行定位	限制选择的目标边和工具边平行，生成它们之间的距离尺寸，用于特征的定位
△	斜角	通过选择目标边和工具边，创建它们之间的角度尺寸进行特征的定位
⟋	点落在点上	使选择的工具点落到目标点上
⊥	点落在线上	使工具点落到选择的目标边上
⊤	线落在线上	使工具边和目标边重合

在操作过程中需要选择目标对象和工具边。目标对象是指已经存在实体上的线或点，工具边是指当前创建特征上的边或点。在确定定位方式选择对象时，首先选择目标对象，然后选择工具边。

6. 键槽特征

键槽特征只能在平面上创建，可以创建矩形槽、球形端槽、U 形槽、T 形槽和燕尾槽五种形式，还可以选择是否创建通槽。单击【插入】→【设计特征】→【键槽】选项或者选择"特征"工具栏中工具按钮📦，系统弹出"键槽"对话框，如图 2-39 所示。

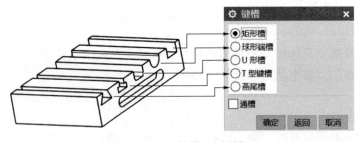

图 2-39　"键槽"对话框

7. 槽特征

槽特征只能在圆柱面或圆锥面上创建，其类型有：矩形、球形端槽、U 形槽三种。可以通过菜单【插入】→【设计特征】→【槽】或者选择"特征"工具栏中工具按钮📦，激活"槽"对话框，如图 2-40 所示。三种槽的创建方法相同，仅截面形状有所不同。矩形槽截面为矩形，球形端槽截面为圆弧形，U 形槽截面为带圆角矩形。

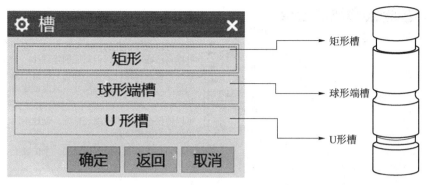

图 2-40 "槽"对话框

8. 螺纹特征

螺纹特征可以在外圆柱面或内圆柱面上创建，其类型有符号螺纹和详细螺纹两种。单击【插入】→【设计特征】→【螺纹】选项或者选择工具栏中工具按钮 ▓，激活"螺纹"对话框，如图 2-41 所示。

符号螺纹：按照选定的制图标准创建螺纹。这种方式显示速度快，可以在创建工程图时和标准一致，尽量选择使用这种模式。

详细螺纹：显示螺纹的实体形状，如图 2-42 所示。生成时间比较慢，模型所占存储空间大，但看起来真实，只能生成三角形单头螺纹。一般不建议使用详细螺纹。其他形状的螺纹可以使用螺旋线和扫掠的方法得到。

 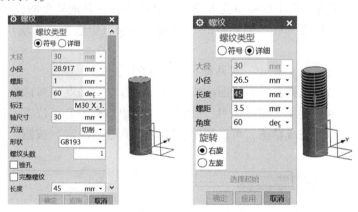

图 2-41 "螺纹"对话框　　　　　图 2-42 符号螺纹和详细螺纹

9. 孔特征

单击【插入】→【设计特征】→【孔】选项或工具栏中工具按钮 ▓，弹出"孔"对话框，如图 2-43 所示。在 UG NX 中，孔特征包括常规孔、钻形孔、螺钉间隙孔、螺纹孔和孔系列 5 种类型。选择不同类型的孔，虽然"孔"对话框略有不同，但创建孔的基本操作过程基本一致，都需要指定孔的位置和孔的方向、指定孔的形状和基本尺寸两个步骤，不同类型的孔的不同之处在于孔的形状和孔的尺寸给定方式，而孔的位置和孔的方向指定方法一致。

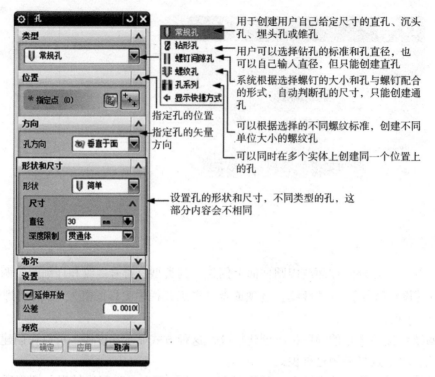

图 2-43 "孔"对话框

右侧标注文字：

用于创建用户自己给定尺寸的直孔、沉头孔、埋头孔或锥孔

用户可以选择钻孔的标准和孔直径，也可以自己输入直径，但只能创建直孔

系统根据选择螺钉的大小和孔与螺钉配合的形式，自动判断孔的尺寸，只能创建通孔

可以根据选择的不同螺纹标准，创建不同单位大小的螺纹孔

可以同时在多个实体上创建同一个位置上的孔

指定孔的位置

指定孔的矢量方向

设置孔的形状和尺寸，不同类型的孔，这部分内容会不相同

1）创建孔步骤

以常规孔中的简单孔为例说明创孔步骤，其他类型的孔创建方法与此类似。

（1）在"孔"对话框的"类型"选项组中选择"常规孔"，"形状"选项中选择"简单孔"。

（2）在"尺寸"对话框中输入孔的尺寸。

（3）选择孔的放置面或指定点，弹出"草图点"对话框，如图 2-44（a）所示。

（4）利用"草图工具"中的尺寸约束对孔中心点位置定位，如图 2-44（b）所示。

（5）完成草图，可以预览孔特征。单击"确定"按钮，完成孔的创建，如图 2-44（c）所示。

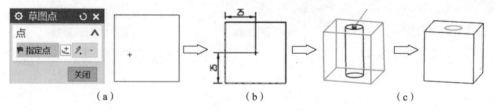

（a）　　　　　　　　（b）　　　　　　　　（c）

图 2-44 常规"简单孔"的创建

2）孔的位置

在 UG NX 中确定孔的位置有以下两种方式。

（1）使用草图确定孔中心的位置。这是一种非常常用的定位，适合在一个平面上要创建多个孔或要创建孔的位置不存在特征点的情况下使用。单击"孔"对话框中绘制截面工具 ，开始绘制草图。

提示：在激活孔对话框的情况下，单击基准平面或零件上的平面系统也会自动进入草绘界面。在草绘中创建的每一个点都会创建一个孔，因此创建点时一定不能重叠。

（2）选择实体上的特征点定位孔。这种方式适合在目标对象的孔位置上存在特征点的情况，方便快捷。可以在一个特征中，对在不同面上但参数相同的孔进行建模。

3）孔的方向

孔的方向可以使用如下两种方式确定。

（1）垂直于面。系统默认方式。当确定孔位置的点，如果在实体表面上，系统会使孔的轴线垂直于点所在的平面。但如果点没有落在实体表面，系统有时会提示出错。

（2）沿矢量。该选项允许沿给定的矢量方向创建孔。通常在孔的定位点没在实体表面上或孔的轴线不垂直于指定点所在的平面情况。

通过在"孔"对话框"孔方向"下拉菜单列表中进行选择。

如图 2-45 所示，孔 1 和孔 2 的定位点 A 和 B 同在立方体顶面，但孔 1 的方向使用了垂直于面，孔 2 的方向使用了"沿矢量"的方式。

4）孔的类型和选项

（1）常规孔。

常规孔有简单盲孔、简单通孔、沉头孔、埋头孔、锥孔等形式，如图 2-46 所示。选择不同形状的孔，显示的尺寸项目各不相同，如图 2-47 所示。

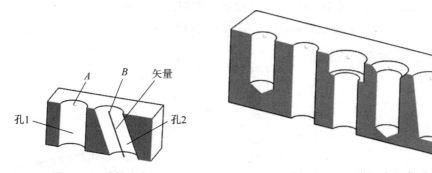

图 2-45　孔的方向　　　　　　　　图 2-46　"常规孔"类型

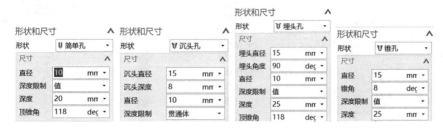

图 2-47　常规孔的形状和尺寸

（2）钻形孔。

与常规孔的区别在于：孔的直径不能随意输入值，必须按钻头系列尺寸选取，且只能创建直孔。在"设置"选项组的"标准"选项列表中，如果选择 ISO，在"形状和尺寸"选项组中"大小"列表为 ISO 系列的孔直径，单位是 mm。如果在列表中选择 ANSI，则"大小"列表为 ANSI 系列的孔直径，单位为 in，如图 2-48 所示。

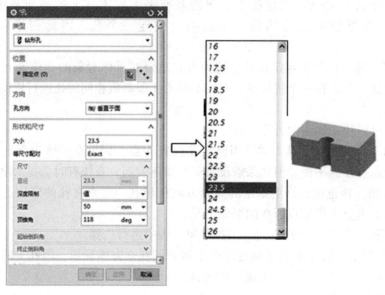

图 2-48　钻形孔

（3）螺纹间隙孔

用于创建和螺钉相配合的沉头孔、埋头孔、直孔。在"设置"选项组的"标准"选项列表中选择需要的标准，在"形状和尺寸"选项组"螺钉尺寸"和"等尺寸配对"列表选择需要的选项，系统指定创建满足要求的孔，如图 2-49 所示。

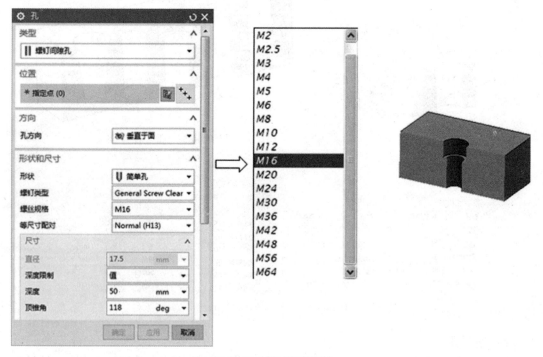

图 2-49　螺纹间隙孔

（4）螺纹孔。

打孔后自动带螺纹，并且螺纹孔的尺寸只能按螺纹孔的系列选取，如图 2-50 所示。

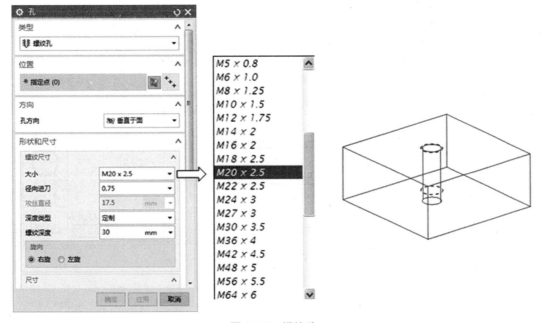

图 2-50　螺纹孔

（5）孔系列。

根据选择的螺纹孔大小，在一系列板上创建螺纹过孔。创建方法与简单孔类似，如图 2-51 所示。

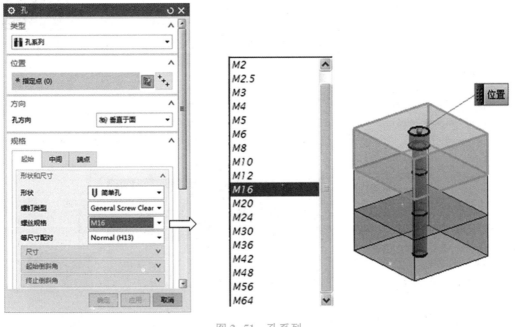

图 2-51　孔系列

任务进阶

根据如图 2-52 所示空心轴零件图（第 44 届世界技能大赛 CAD 机械设计赛项模拟题），

完成零件的三维造型设计。其参考操作步骤如表2-3所示。

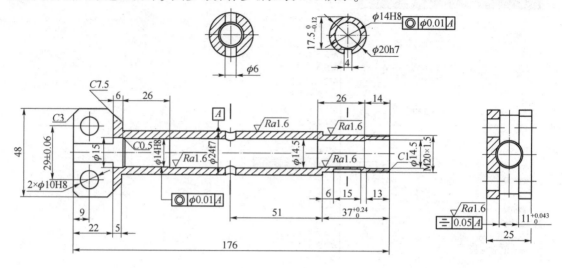

技术要求

1. 去除毛刺，锐边倒钝。
2. 轴肩处内圆角为$R1$。
3. 未注尺寸公差按GB/T 1804—2000—m。
4. 未注几何公差按GB/T 1184—1996—K。

图 2-52　空心轴

表 2-3　空心轴零件建模的操作步骤

1	新建文件　　文件名为"空心轴.prt"，单位为"毫米"，模板为"模型"，选择文件存储位置。单击"确定"	
2	创建轴头部　　使用"特征"工具栏"块"工具，创 27 mm × 25 mm × 48 mm长方体。　指定点：0，−12.5，−24。　布尔：无。　选择"确定"	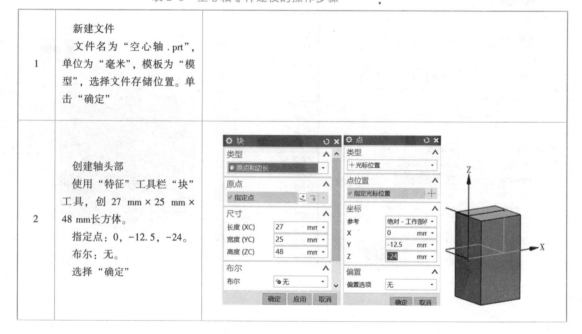

3	创建 $\phi24$ mm×139 mm 圆柱 使用"特征"工具栏"圆柱"工具，在"圆柱"对话框中设置参数。 指定矢量：XC； 指定点：0，0，0； 直径：24 mm； 长度：139 mm； 布尔：求和； 选择"应用"		
4	创建 $\phi20$ mm×37 mm 圆柱 "圆柱"对话框中设置参数。 指定矢量：XC； 指定点：捕捉圆柱端面圆心； 直径：20 mm； 长度：37 mm； 布尔：求和； 选择"确定"		
5	创建沉头孔 使用"特征"工具栏"孔"工具，在"孔"对话框中设置参数。 指定矢量：XC； 指定点：捕捉坐标原点； 形状：沉头孔； 直径：沉头 $\phi15$ mm×28 mm； $\phi14$ mm； 深度限制：贯通体； 布尔：求差； 选择"应用"		

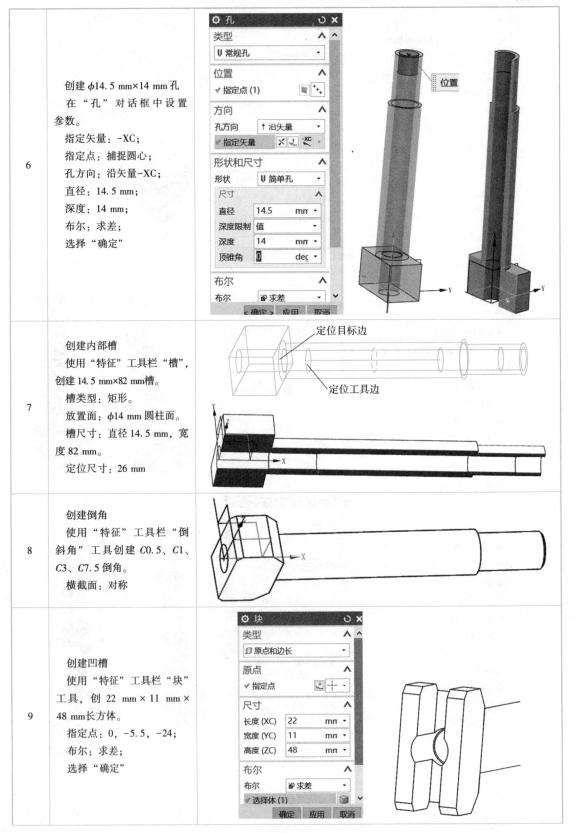

6	创建 $\phi14.5$ mm×14 mm 孔 在"孔"对话框中设置参数。 指定矢量：-XC； 指定点：捕捉圆心； 孔方向：沿矢量-XC； 直径：14.5 mm； 深度：14 mm； 布尔：求差； 选择"确定"	
7	创建内部槽 使用"特征"工具栏"槽"，创建 14.5 mm×82 mm槽。 槽类型：矩形。 放置面：$\phi14$ mm 圆柱面。 槽尺寸：直径 14.5 mm，宽度 82 mm。 定位尺寸：26 mm	
8	创建倒角 使用"特征"工具栏"倒斜角"工具创建 $C0.5$、$C1$、$C3$、$C7.5$ 倒角。 横截面：对称	
9	创建凹槽 使用"特征"工具栏"块"工具，创 22 mm × 11 mm × 48 mm长方体。 指定点：0，-5.5，-24； 布尔：求差； 选择"确定"	

10	**创建键槽** （1）创建与 *XY* 平面平行并与 φ20 mm 相切基准面。 （2）创建键槽 15 mm×4 mm×2.5 mm。 键槽类型：矩形； 放置面：上步创建的基准面； 选择特征边：接受默认边； 水平参考：*X* 轴； 尺寸：长 15 mm，宽 4 mm，深 2.5 mm； 定位："线落到线上"┻（选择"X 轴"和"对称长虚线"）和"水平"（选择"圆弧中心"和"相切点"，尺寸为 6）	
11	**创建螺纹** 使用"特征"工具栏"螺纹"工具创建 M20 螺纹。 类型：详细。 旋转：右旋； 放置面：φ20 mm 圆柱面； 起始面：φ20 mm 圆柱左端面	
12	**创建 φ6 mm 孔** （1）创建点。使用"点"命令，捕捉 φ24 mm 圆柱端面象限点，在对话框中把 *X* 坐标值减去"51"，单击"确定" （2）使用"特征"工具栏"孔"命令，捕捉刚刚创建的点。 设置：直径"6"；深度限制"贯通体"，单击"应用"	

13	创建 φ10 mm 的孔 在"孔"对话框中设置：直径"10"；深度限制"贯通体"。 单击"绘制截面"按钮，选择前平面为草绘面，单击"确定"进入草绘。 绘制 2 个点，约束为"对称"，标注尺寸，单击"完成草图"。 选择刚创建的草绘点，单击"确定"，完成孔的创建	
14	保存文件	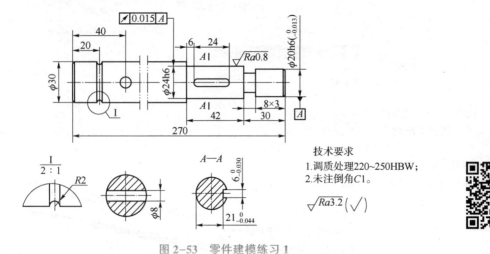

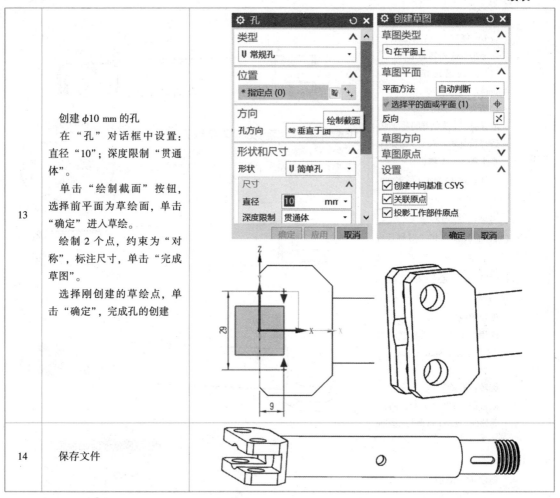

（**孔**对话框）
类型　Ｕ 常规孔
位置　*指定点 (0)
方向　孔方向　垂直于面
形状和尺寸
形状　Ｕ 简单孔
尺寸
直径　10　mm
深度限制　贯通体
确定　应用　取消

（**创建草图**对话框）
草图类型　在平面上
草图平面
平面方法　自动判断
选择平的面或平面 (1)
反向
草图方向
草图原点
设置
创建中间基准 CSYS
关联原点
投影工作部件原点
确定　取消

绘制截面

29
9

任务延拓

根据零件工程图，自主完成如图 2-53 和图 2-54 所示两个课后延拓任务，练习零件实体的创建。

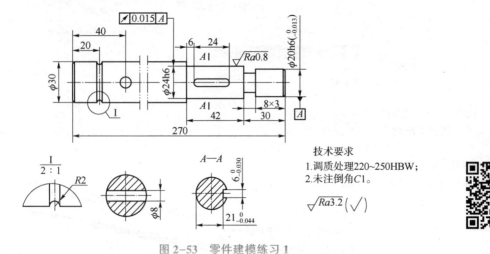

图 2-53　零件建模练习 1

技术要求
1.调质处理220~250HBW；
2.未注倒角C1。

$\sqrt{Ra3.2}(\sqrt{})$

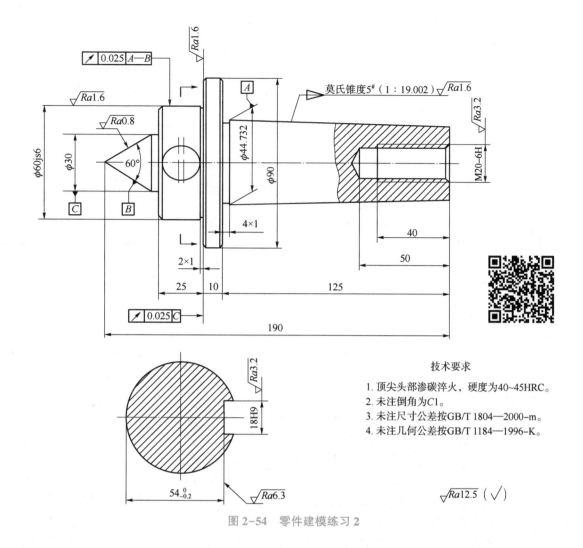

图 2-54　零件建模练习 2

技术要求
1. 顶尖头部渗碳淬火，硬度为40~45HRC。
2. 未注倒角为C1。
3. 未注尺寸公差按GB/T 1804—2000-m。
4. 未注几何公差按GB/T 1184—1996-K。

$\sqrt{Ra12.5}$ ($\sqrt{}$)

任务评价 NEWST

根据任务完成情况，填写任务实施评价表 2-4。

表 2-4　任务实施评价表

任务名称		轴套类零件建模		
班级		姓名		
地点		日期		
第___小组成员				
序号	评价内容	分值	自评 （25%）	小组评价 （25%）	教师评价 （50%）
1	学习态度	5			
2	课前尝试任务完成度	15			
3	课中工作任务完成度	30			

序号	评价内容	分值	自评 （25%）	小组评价 （25%）	教师评价 （50%）
4	课后探索任务完成度	25			
5	任务实施方案的多样性	10			
6	完成的速度	5			
7	小组合作与分工	5			
8	学习成果展示与问题回答	5			
总分		100	合计：		
问题记录和 解决方法	实施中出现的问题和采取的解决方法				

任务 2.2　盘盖类零件建模

任务目标

1. 掌握盘盖类零件的结构特点、建模方法及技巧。
2. 掌握拉伸特征、旋转特征的创建方法。
3. 掌握阵列特征、镜像特征、倒斜角、等半径边倒圆的应用。
4. 能够根据盘盖类零件的结构特点，确定实体建模流程。
5. 能够使用拉伸特征、旋转特征、特征阵列、镜像特征、倒斜角、等半径边倒圆进行造型。
6. 能够完成典型盘盖零件的建模任务。
7. 通过盘盖类零件三维模型的创建，将机械制图相关理论知识与数字化建模相结合，提升学生识图与制图能力。
8. 通过鼓励学生选择多种方法完成学习任务，培养创新思维与独立思考的能力，养成勤动手、爱动脑的习惯。

工作任务

根据如图 2-55 所示端盖零件图，完成零件的三维造型设计。

任务分析

盘盖类零件在机械设备中比较常见，如端盖、法兰盘、齿轮、皮带轮等。这类零件在机器中主要起到支承、轴向定位及密封作用，大多数为中心对称结构，通常径向尺寸大、轴向尺寸小，呈扁平状结构。

通过对盘盖类零件造型，使学员熟练掌握拉伸特征、旋转特征、孔特征、特征阵列等基本造型特征的使用方法，掌握三维建模的基本技巧。

端盖零件图样如图 2-55 所示，通过形体分析可知，其结构主要由圆盘主体、均布沉头孔、均布螺纹孔、圆角和倒角组成。圆盘主体可以用圆柱体堆积的方法构建，也可以使用旋转或拉伸方法得到，其余部分使用孔、阵列、倒斜角和圆角进行创建。

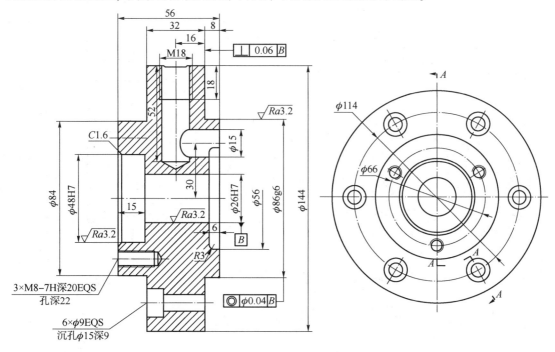

技术要求
1. 铸件不得有气孔、裂纹及砂眼等缺陷。
2. 铸件需经时效处理。
3. 锐边倒钝。
4. 未注尺寸公差按GB/T 1804—2000-m。
5. 未注几何公差按GB/T 1184—1996-K。

图 2-55　端盖零件图

任务尝试 NEW!

在完成端盖零件造型任务之前，先自主完成如图 2-56 和图 2-57 所示两个课前尝试任务。可参考二维码链接的视频边学边练。

图 2-56

图 2-57

任务实施

端盖零件建模流程如图 2-58 所示。

建议：先自主完成两个课前尝试任务，再参考表 2-5 的建模实施过程，完成端盖零件建模工作任务，其中端盖主体部分展示了 3 种建模方法供大家比较，并思考还有其他建模方法吗？

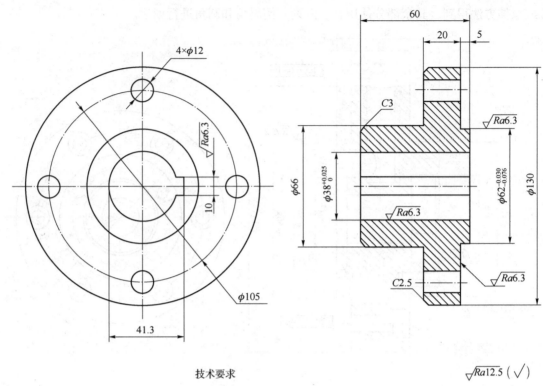

技术要求

锐边倒钝。

图 2-56　尝试任务 3

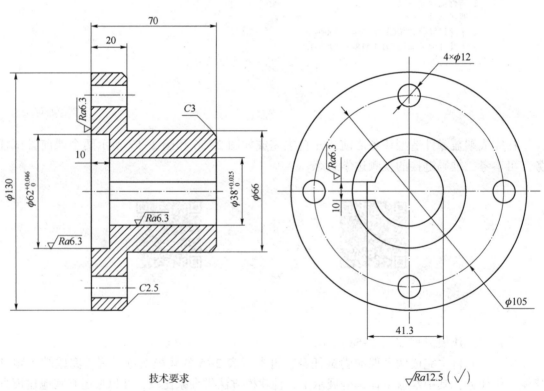

技术要求

锐边倒钝。

图 2-57　尝试任务 4

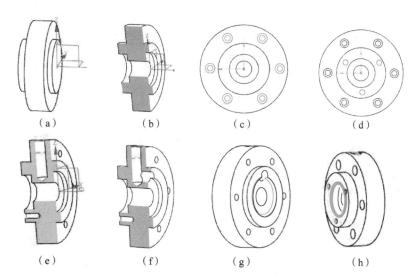

图 2-58 端盖零件建模流程

（a）端盖主体；（b）创建中间孔；（c）创建端面沉头孔；（d）创建端面螺纹孔；
（e）创建径向螺纹孔；（f）创建轴向孔；（g）倒圆角；（h）倒斜角

表 2-5　端盖零件建模的实施过程

1	新建文件 　　文件名为"端盖.prt"，单位为"毫米"，模板为"模型"，选择文件存储位置，单击"确定"	
2 创建端盖主体	圆柱体法	（1）使用"圆柱"工具创 φ86 mm×8 mm 圆柱。指定矢量：-XC；指定点：0，0，0，单击"应用"。 　　（2）创 φ144 mm×32 mm 圆柱。 　　指定矢量：-XC；指定点：左端面圆心。布尔：求和，单击"应用"。 　　（3）创 φ84 mm×16 mm 圆柱。 　　指定矢量：-XC；指定点：左端面圆心。布尔：求和，选择"确定"
	旋转法	（1）选择"旋转"工具，选择 *XZ* 面为草绘面，绘制草图。 　　（2）退出草图，选择下面水平线为旋转轴"矢量"，单击"确定"，结果如右图所示

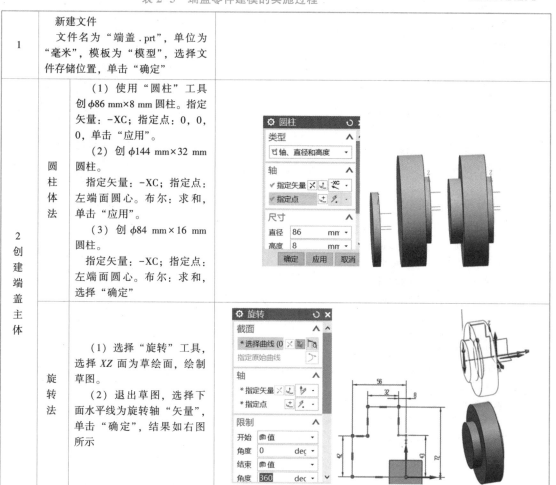

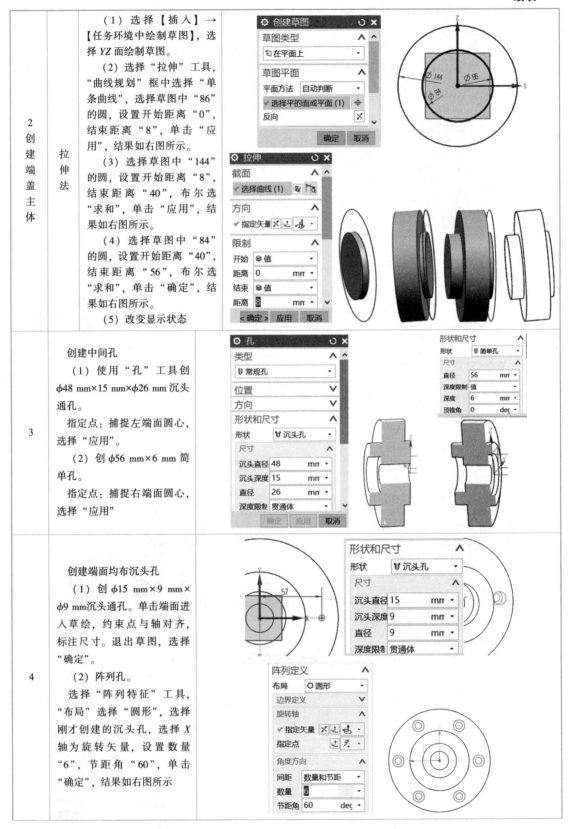

2 创建端盖主体	拉伸法	（1）选择【插入】→【任务环境中绘制草图】，选择 *YZ* 面绘制草图。 （2）选择"拉伸"工具，"曲线规则"框中选择"单条曲线"，选择草图中"86"的圆，设置开始距离"0"，结束距离"8"，单击"应用"，结果如右图所示。 （3）选择草图中"144"的圆，设置开始距离"8"，结束距离"40"，布尔选"求和"，单击"应用"，结果如右图所示。 （4）选择草图中"84"的圆，设置开始距离"40"，结束距离"56"，布尔选"求和"，单击"确定"，结果如右图所示。 （5）改变显示状态	
3		创建中间孔 （1）使用"孔"工具创 $\phi48$ mm×15 mm×$\phi26$ mm 沉头通孔。 指定点：捕捉左端面圆心，选择"应用"。 （2）创 $\phi56$ mm×6 mm 简单孔。 指定点：捕捉右端面圆心，选择"应用"	
4		创建端面均布沉头孔 （1）创 $\phi15$ mm×9 mm×$\phi9$ mm沉头通孔。单击端面进入草绘，约束点与轴对齐，标注尺寸。退出草图，选择"确定"。 （2）阵列孔。 选择"阵列特征"工具，"布局"选择"圆形"，选择刚才创建的沉头孔，选择 *X* 轴为旋转矢量，设置数量"6"，节距角"60"，单击"确定"，结果如右图所示	

5	**创建端面均布螺纹孔** （1）创 M8×20 mm 孔，钻孔深 22 mm。单击端面进入草绘，约束点与轴对齐，标注尺寸。退出草图，选择"确定"。 （2）阵列孔。 选择"阵列特征"工具，"布局"选择"圆形"，选择刚才创建的螺纹孔，选择 X 轴为旋转矢量，设置数量"3"，节距角"120"，单击"确定"，结果如右图所示	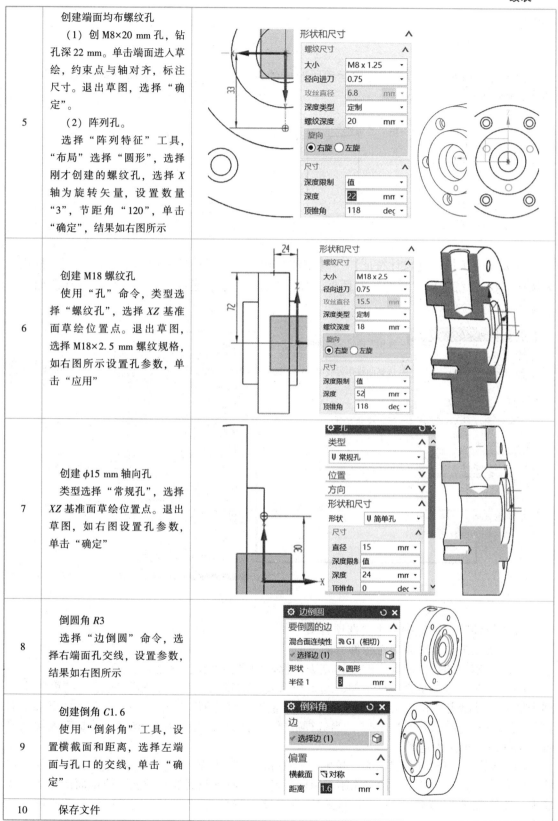
6	**创建 M18 螺纹孔** 使用"孔"命令，类型选择"螺纹孔"，选择 XZ 基准面草绘位置点。退出草图，选择 M18×2.5 mm 螺纹规格，如右图所示设置孔参数，单击"应用"	
7	**创建 φ15 mm 轴向孔** 类型选择"常规孔"，选择 XZ 基准面草绘位置点。退出草图，如右图设置孔参数，单击"确定"	
8	**倒圆角 R3** 选择"边倒圆"命令，选择右端面孔交线，设置参数，结果如右图所示	
9	**创建倒角 C1.6** 使用"倒斜角"工具，设置横截面和距离，选择左端面与孔口的交线，单击"确定"	
10	保存文件	

1. 拉伸特征

拉伸特征就是线串沿指定方向运动所形成的特征，垂直于草图平面是默认的拉伸方向，如图 2-59 所示。

图 2-59　拉伸方向

单击【插入】→【设计特征】→【拉伸】选项，单击键盘 X 或单击"特征"工具栏工具按钮，系统弹出"拉伸"对话框，如图 2-60 所示。通过拉伸可以生成拉伸曲面、拉伸实体和薄壳拉伸对象。

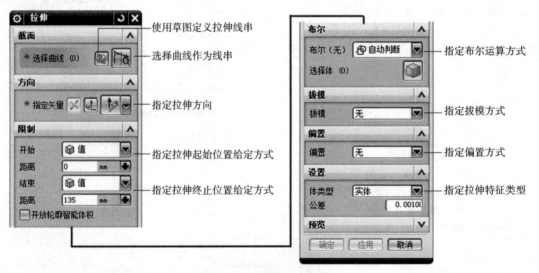

图 2-60　"拉伸"对话框

1)"拉伸"对话框中各主要选项含义

（1）指定矢量：用来确定拉伸方向。

（2）布尔：选择拉伸操作的运算方法，包括创建、求和、求差和求交运算。

（3）限制：包括是否对称拉伸、起始和结束值的定义。在"起始"或者"结束"下拉列表框中，可以定义起始或结束拉伸方式为"值""对称值""直至下一个""直至选定对象""直至被延伸"以及"贯通"，当选择起始或者结束类型为数值型时，需要输入起始或者结束的值，单位为毫米。

（4）偏置：偏置方式包括无、单侧、双侧和对称。设置偏置可以生成壁厚均匀的薄壁特征或实体。其中，单侧偏置只能用于封闭轮廓。在原有截面的基础上，使截面尺寸减小或增大一个给定的偏置值，所产生的是实心实体。双侧偏置用于产生拉伸薄壁特征，如图 2-61所示。

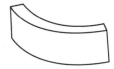

图 2-61　单侧和双侧偏置

（5）拔模角：用于设置类型与角度，其中"类型"下拉列表框包括"从起始限制""从截面""从截面–不对称角""从截面–对称角"和"从截面匹配的终止处"5个选项。

2）用于拉伸的对象

（1）实体面：选取实体的面作为拉伸对象。

（2）实体边缘：选取实体的边作为拉伸对象。

（3）曲线：选取曲线或草图的部分线串作为拉伸对象。

（4）成链曲线：选取相互连接的多段曲线的其中一条，就可以选择整条曲线作为拉伸对象。

（5）片体：选取片体作为拉伸对象。

2. 旋转特征

旋转特征是一个截面轮廓绕指定轴线旋转一定角度所形成的特征。

单击【插入】→【设计特征】→【旋转】命令或单击"特征"工具栏中图标 🔩，系统弹出"旋转"对话框，如图 2-62 所示。通过旋转可以生成旋转曲面、旋转实体和薄壳旋转对象。

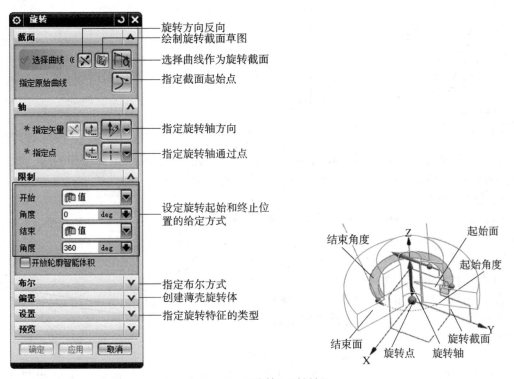

图 2-62　"旋转"对话框

旋转操作一般步骤：

（1）选择要回转的曲线、边、面或片体。

（2）在"开始"数值框设置对象进行回转时的起始角度。

（3）在"结束"数值框设置对象进行回转的结束角度。

（4）指定某一曲线或在"自动判断的矢量"中选择某一矢量作为回转轴。

（5）指定旋转的基点位置（确定回转轴的位置，有时可省略），单击"确定"即可。

3. 阵列特征

创建阵列特征是指将选定特征按照给定的规律进行复制分布。在 UG NX 中，可以创建线性、圆形、多边形、螺旋线、沿曲线、空间螺旋线等形式的阵列，如表 2-6 所示。

表 2-6　阵列形式

线性阵列	圆形阵列	多边形阵列
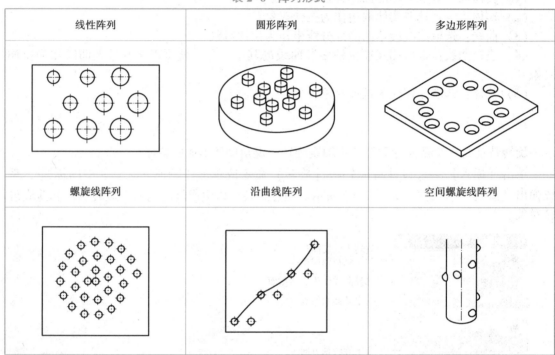		
螺旋线阵列	沿曲线阵列	空间螺旋线阵列

单击主菜单【插入】→【关联复制】→【阵列】或点选工具栏图标按钮，激活阵列特征命令。下面以线性阵列和圆形阵列说明阵列命令的用法。

1）线性阵列

（1）打开实例文件，阵列原始模型如图 2-63 所示。

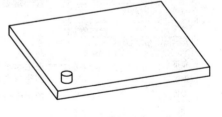

图 2-63　线性阵列模型

（2）选择"特征"工具栏图标按钮，在系统弹出对话框中"布局"选"线性"。

（3）在绘图区选择要阵列的特征（圆柱），单击方向 1 选项组"指定矢量"，选择实体长边，输入数量"5"、节距"30"。

（4）勾选方向 2，单击方向 2 选项组"指定矢量"，选择实体短边，输入数量"4"、节距"30"，单击"确定"按钮，结果如图 2-64 所示。

提示：在阵列预览状态，可以选择不需要的对象，在右键菜单中选择"删除"，如图2-64所示。

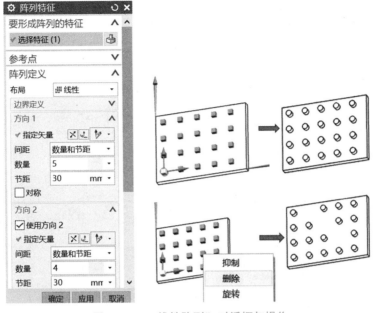

图 2-64　"线性阵列"对话框与操作

在"阵列设置"选项组的"交错"下拉列表中，选择"方向1"，单击"确定"按钮，可以得到交错阵列，如图2-65所示。

图 2-65　交错阵列

2）圆形阵列

（1）打开实例文件，阵列原始模型如图2-66所示。

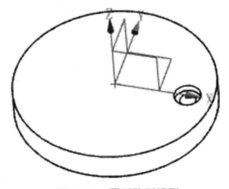

图 2-66　圆形阵列模型

（2）选择"特征"工具栏图标按钮，在系统弹出对话框中"布局"选"圆形"。

（3）在绘图区选择要阵列的特征（沉头孔），单击旋转轴选项组"指定矢量"，选择 Z

轴，上表面圆心为"指定点"。

（4）在角度方向选项组输入数量"6"、节距角"60"；单击"确定"按钮，结果如图2-67所示。

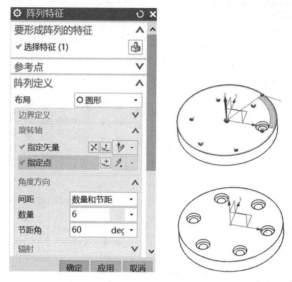

图 2-67   "圆形阵列"对话框与操作

4. 镜像特征

选择主菜单【插入】→【关联复制】→【镜像特征】或单击工具栏按钮，系统弹出"镜像特征"对话框。选择要镜像的特征和镜像平面，其中镜像平面可以选择现有平面或者临时新建平面。单击【确定】按钮，得到如图2-68所示的结果。

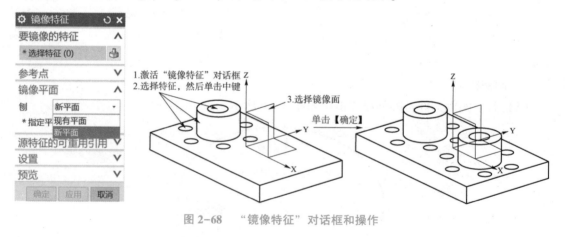

图 2-68   "镜像特征"对话框和操作

5. 镜像几何体

选择主菜单【插入】→【关联复制】→【镜像几何体】或单击工具栏按钮，系统弹出"镜像几何体"对话框。选择要镜像的几何体和镜像平面，其中镜像平面可以选择现有平面或者临时新建平面。单击【确定】按钮，得到如图2-69所示的结果。

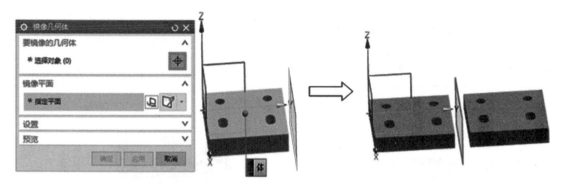

图 2-69　"镜像几何体" 对话框和操作

6. 倒斜角

有三种横截面形式：对称、非对称、偏置和角度。

1）对称倒斜角

选择主菜单【插入】→【细节特征】→【倒斜角】选项或单击特征工具栏按钮，系统弹出"倒斜角"对话框，在倒斜角对话框中，横截面选"对称"，输入距离值，点选相应的实体边界，单击"应用"按钮，结果如图 2-70 所示。

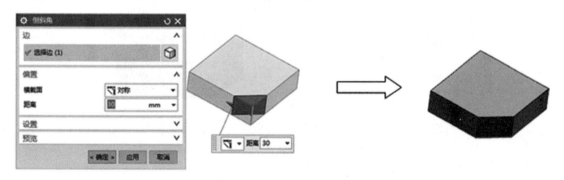

图 2-70　"对称" 倒斜角

2）非对称倒斜角

非对称倒斜角创建方法与对称倒斜角基本相同，在"倒斜角"对话框中，横截面选"非对称"，分别在距离 1 和距离 2 输入值，点选相应的实体边界，单击"确定"按钮，结果如图 2-71 所示。

3）偏置和角度

偏置和角度创建方法与对称倒斜角基本相同，在"倒斜角"对话框中，横截面选"偏置和角度"，分别在距离和角度输入值，点选相应的实体边界，单击"应用"按钮，结果如图 2-72 所示。

7. 边倒圆-等半径边倒圆

选择主菜单【插入】→【细节特征】→【边倒圆】选项或单击特征工具栏按钮，弹出"边倒圆"对话框，点选实体的边界，输入半径，单击【应用】，得到如图 2-73 所示的结果。

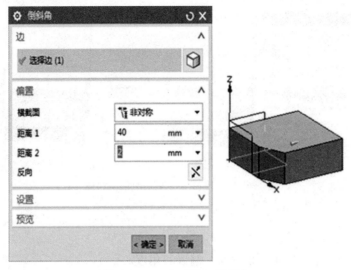

图 2-71　"非对称"倒斜角

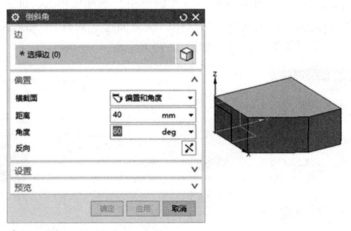

图 2-72　"偏置和角度"倒斜角

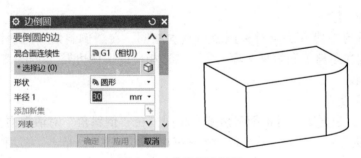

图 2-73　等半径边倒圆

任务进阶

　　根据如图 2-74 所示泵盖零件图（某企业产品零件图），完成零件的三维造型设计。泵盖建模的实施过程如表 2-7 所示。

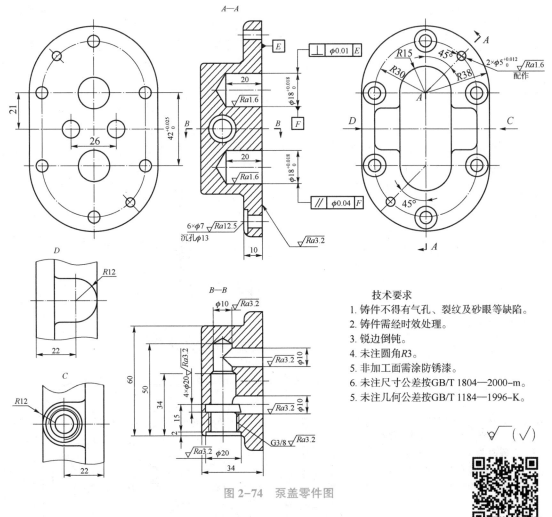

图 2-74 泵盖零件图

技术要求

1. 铸件不得有气孔、裂纹及砂眼等缺陷。
2. 铸件需经时效处理。
3. 锐边倒钝。
4. 未注圆角R3。
5. 非加工面需涂防锈漆。
6. 未注尺寸公差按GB/T 1804—2000-m。
5. 未注几何公差按GB/T 1184—1996-K。

表 2-7　泵盖建模的实施过程

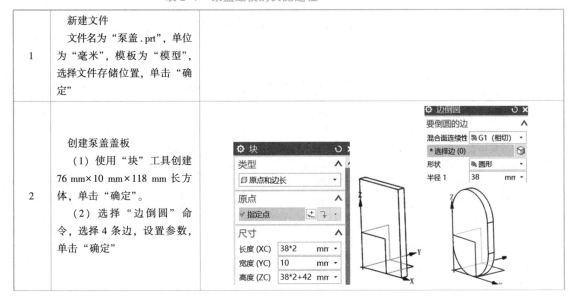

1	**新建文件** 文件名为"泵盖.prt",单位为"毫米",模板为"模型",选择文件存储位置,单击"确定"	
2	**创建泵盖盖板** (1)使用"块"工具创建76 mm×10 mm×118 mm长方体,单击"确定"。 (2)选择"边倒圆"命令,选择4条边,设置参数,单击"确定"	

3	创建中间凸起部分 使用"拉伸"工具，选择前端面线，设置对话框中偏置为"单侧"，输入数值如右图所示，单击"确定"	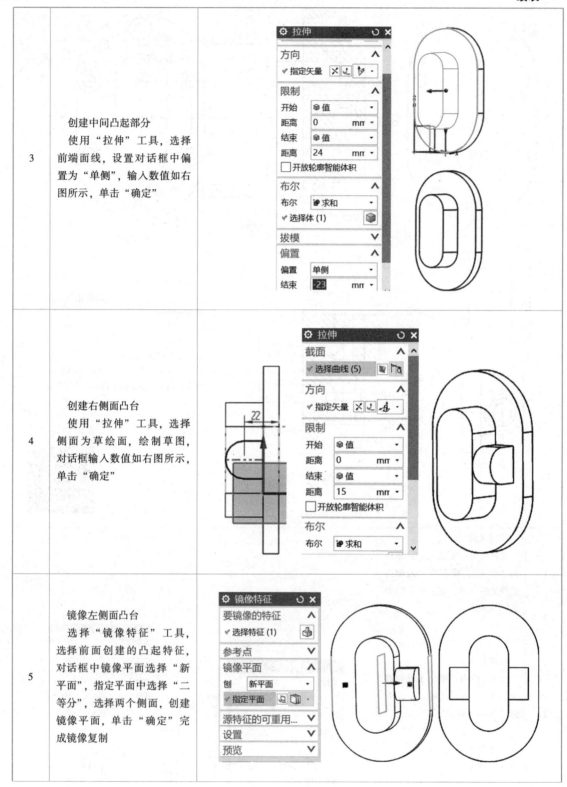
4	创建右侧面凸台 使用"拉伸"工具，选择侧面为草绘面，绘制草图，对话框输入数值如右图所示，单击"确定"	
5	镜像左侧面凸台 选择"镜像特征"工具，选择前面创建的凸起特征，对话框中镜像平面选择"新平面"，指定平面中选择"二等分"，选择两个侧面，创建镜像平面，单击"确定"完成镜像复制	

6	创建端面均布沉头孔 （1）创建草图。 选择【插入】→【任务环境中绘制草图】，选择盖板前面为草图面，选择"确定"。 （2）创建孔。 选择"孔"工具，选择刚才创建草图的端点，设置对话框中选项和参数，单击"确定"，结果如右图所示。 （3）阵列孔。 隐藏草图，选择"阵列特征"工具，"布局"选择"圆形"，选择刚才创建的孔，选择"-Y"为旋转矢量，捕捉圆心为"指定点"轴，设置数量"3"，节距角"90"，单击"确定"，结果如右图所示	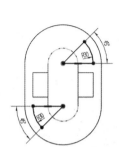
	（4）镜像孔。 选择"镜像特征"工具，选择前面创建的3个孔，对话框中镜像平面选择"新平面"，指定平面中选择"自动判断"，捕捉如右图所示线段的中点，创建镜像平面，单击"确定"，完成镜像复制	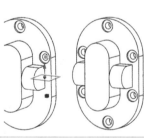
7	创建销孔 显示草图，选择"孔"工具，选择刚才创建草图的2个端点，设置对话框选项和参数，单击"确定"，结果如右图所示	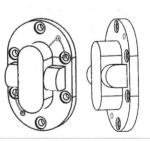

	创建凸台处孔 （1）选择"孔"工具，捕捉右凸台端面圆心，设置对话框中选项和参数，单击"应用"，结果如右图所示	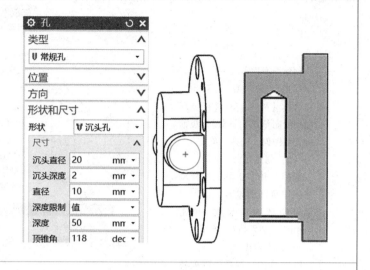
8	（2）增加螺纹孔。 捕捉右凸台端面圆心，设置对话框中选项和参数，孔方向"沿矢量"，指定矢量"-XC"，单击"确定"生成螺纹孔	
	（3）创建孔内退刀槽。 选择"槽"命令，选择"矩形"，选择 G3/8 的底孔表面为放置面，在弹出的对话框输入参数，选择目标边和刀具边，表达式框内输入"17"，单击"应用"，结果如右图所示	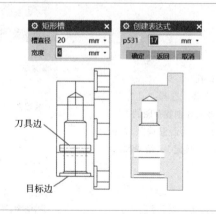

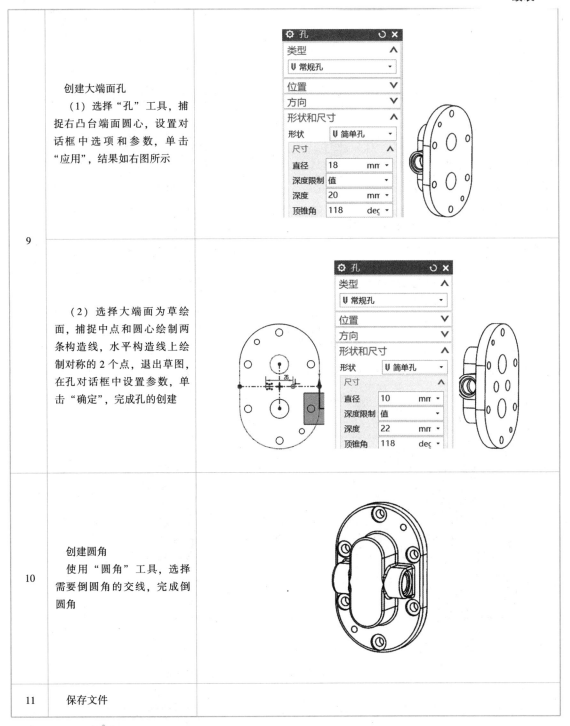

序号	操作说明	图示
9	创建大端面孔 （1）选择"孔"工具，捕捉右凸台端面圆心，设置对话框中选项和参数，单击"应用"，结果如右图所示	
	（2）选择大端面为草绘面，捕捉中点和圆心绘制两条构造线，水平构造线上绘制对称的 2 个点，退出草图，在孔对话框中设置参数，单击"确定"，完成孔的创建	
10	创建圆角 使用"圆角"工具，选择需要倒圆角的交线，完成倒圆角	
11	保存文件	

任务延拓

根据零件工程图，自主完成如图 2-75 和图 2-76 所示两个课后延拓任务，练习零件实体的创建。

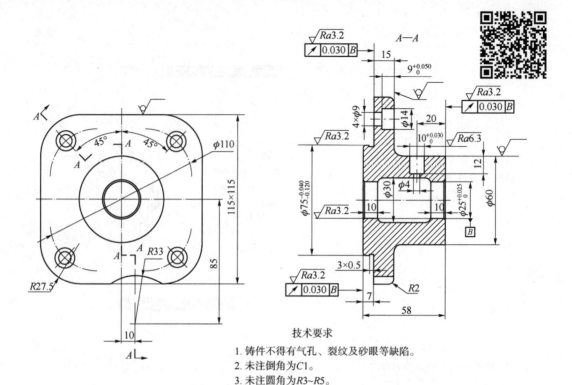

技术要求

1. 铸件不得有气孔、裂纹及砂眼等缺陷。
2. 未注倒角为C1。
3. 未注圆角为R3~R5。
4. 未注尺寸公差按GB/T 1804—2000-m。
5. 未注几何公差按GB/T 1184—1996-K。

图 2-75　零件建模练习 3

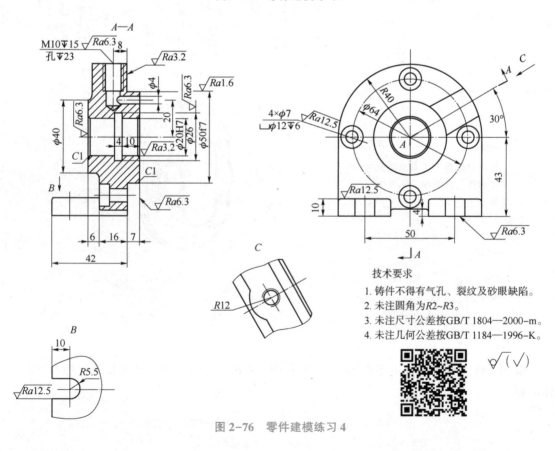

技术要求

1. 铸件不得有气孔、裂纹及砂眼缺陷。
2. 未注圆角为R2~R3。
3. 未注尺寸公差按GB/T 1804—2000-m。
4. 未注几何公差按GB/T 1184—1996-K。

图 2-76　零件建模练习 4

根据任务完成情况，填写任务实施评价表2-8。

表 2-8　任务实施评价表

任务名称			盘盖类零件建模			
班级				姓名		
地点				日期		
第___小组成员						
序号	评价内容		分值	自评 （25%）	小组评价 （25%）	教师评价 （50%）
1	学习态度		5			
2	课前尝试任务完成度		15			
3	课中工作任务完成度		30			
4	课后探索任务完成度		25			
5	任务实施方案的多样性		10			
6	完成的速度		5			
7	小组合作与分工		5			
8	学习成果展示与问题回答		5			
总分			100	合计：		
问题记录和 解决方法	实施中出现的问题和采取的解决方法					

任务 2.3　叉架类零件建模

任务目标

1. 掌握叉架类零件的结构特点、建模方法及技巧。
2. 掌握沿引导线扫掠特征的创建方法。
3. 掌握拆分体、修剪体、替换面、常用特征编辑的应用。
4. 能够根据叉架类零件的结构特点，确定实体建模流程。
5. 能运用沿引导线扫掠、修剪体、同步建模等工具进行较为复杂的零件造型。
6. 能够完成典型叉架类零件的建模任务。
7. 通过叉架类零件三维模型的创建，熟练掌握三维模型创建方法，掌握二维、三维绘图及产品设计相关原理，提升识图与制图能力。
8. 通过引导学生解决建模时出现的问题，培养分析与解决问题的能力，提升对制造类相关专业学习的热爱程度。

工作任务

根据如图 2-77 所示连杆零件图，完成零件的三维造型设计。

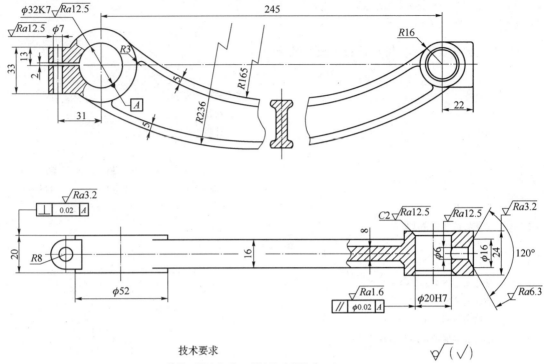

图 2-77 连杆零件图

任务分析

叉架类零件包括各种用途的拨叉和支架，还有连杆、支座等，通常由工作部分、支承（或安装）部分及连接部分组成。零件上有叉形结构、肋板、孔和槽等结构，其中连接部分的断面常为矩形、椭圆形、工字形、T形、十字形等，形状比较复杂且不规则。

通过对连杆和拨叉零件造型，使学员巩固草图、拉伸等知识点，熟练掌握草图、拉伸、孔、圆角、斜角、扫掠特征等基本造型特征和编辑特征的使用方法，掌握三维建模的基本技巧。连杆和拨叉都属于叉架类零件，其造型方法对于其他的叉架零件造型具有一定的借鉴作用。

连杆零件图样如图 2-77 所示，通过形体分析可知，其结构主要由与其他零件连接的两端带孔柱体和中间工字形连接弯板组成，局部有凸台、圆角和倒角。连杆主体可以全部使用拉伸方法得到，为了练习扫掠，其中一个结构采用了沿引导线扫掠的方法。其余部分使用孔、倒斜角和圆角进行创建。

任务尝试

在完成连杆零件造型任务之前，先自主完成如图 2-78 和图 2-79 所示两个课前尝试任务。可参考二维码链接的视频边学边练。

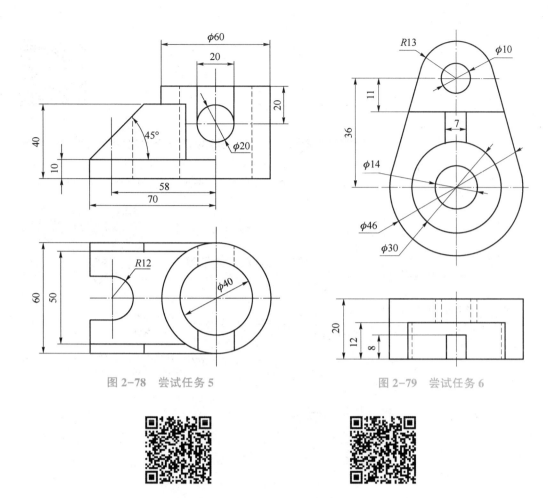

图 2-78 尝试任务 5

图 2-79 尝试任务 6

任务实施

连杆零件建模流程如图 2-80 所示。

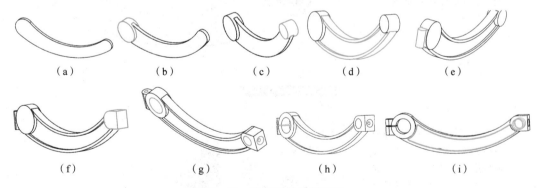

图 2-80 连杆零件建模流程

（a）拉伸连杆主体；（b）拉伸左端柱体；（c）拉伸右端柱体；（d）创建上、下凸缘；（e）创建左端凸台；
（f）补充右侧结构；（g）创建 4 个孔；（h）创建左端通槽；（i）倒圆角和斜角

建议：先自主完成两个课前尝试任务，再参考表 2-9 的建模实施过程，完成端盖零件建模工作任务，其中连杆主体凸缘部分采用了 2 种建模方法供大家比较，并思考还有其他建模方法吗？

表 2-9　连杆零件建模的实施过程

1	**新建文件** 　　文件名为"连杆.prt"，单位为"毫米"，模板为"模型"，选择文件存储位置，单击"确定"	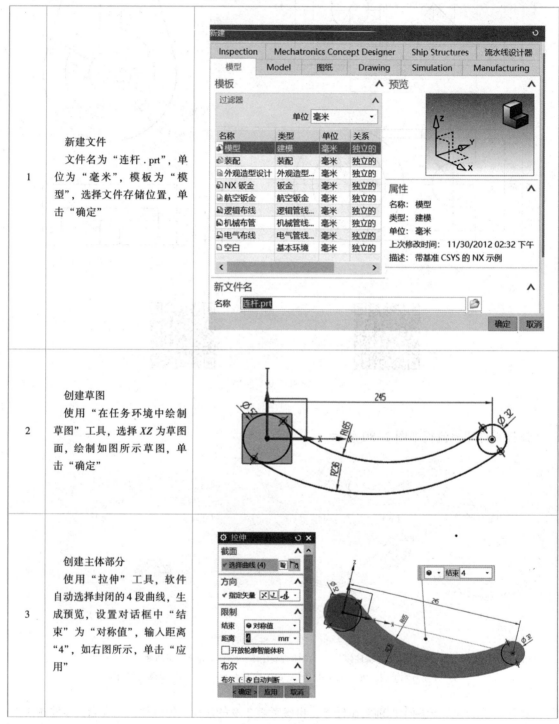
2	**创建草图** 　　使用"在任务环境中绘制草图"工具，选择 *XZ* 为草图面，绘制如图所示草图，单击"确定"	
3	**创建主体部分** 　　使用"拉伸"工具，软件自动选择封闭的 4 段曲线，生成预览，设置对话框中"结束"为"对称值"，输入距离"4"，如右图所示，单击"应用"	

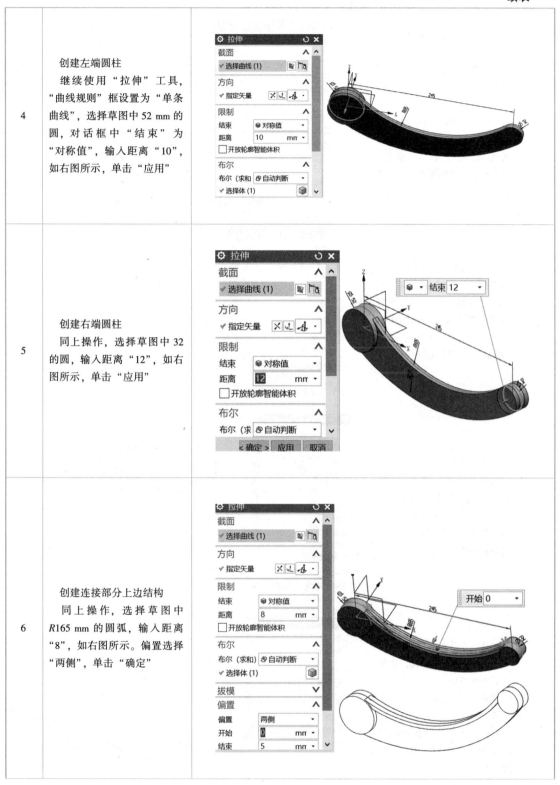

4	创建左端圆柱 继续使用"拉伸"工具，"曲线规则"框设置为"单条曲线"，选择草图中 52 mm 的圆，对话框中"结束"为"对称值"，输入距离"10"，如右图所示，单击"应用"	
5	创建右端圆柱 同上操作，选择草图中 32 的圆，输入距离"12"，如右图所示，单击"应用"	
6	创建连接部分上边结构 同上操作，选择草图中 R165 mm 的圆弧，输入距离"8"，如右图所示。偏置选择"两侧"，单击"确定"	

7	创建连接部分下边结构 可以同上使用拉伸创建。为了说明建模方法的多样性，改用"扫掠"。 （1）绘制草图。 草图类型选"基于路径"，选择 $R236$ mm 圆弧，弧长百分比为"0"，单击"确定"进入草图。绘制如右图所示矩形，完成草图	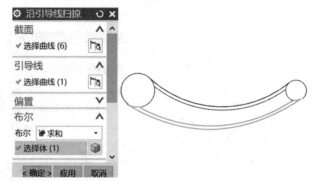	
	（2）创建扫掠特征。 选择"沿引导线扫掠"工具，选择刚才创建的草图为截面，选择 $R236$ mm 圆弧为引导线，设置"求和"，单击"确定"，结果如右图所示	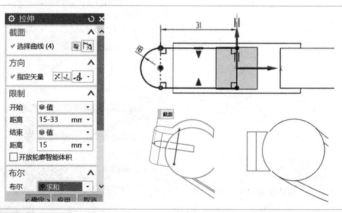	
8	创建左端凸台 选择"拉伸"工具，选择 XY 平面进入草图，绘制草图，完成草图后设置对话框中选项和参数，单击"确定"，结果如右图所示		
9	创建右端凸台 可以使用拉伸创建，这里用长方体方法。 选择"块"命令，对话框中输入长、宽、高分别为22、24、32；指定点捕捉端面圆的象限点；布尔：求和；单击"确定"，结果如右图所示	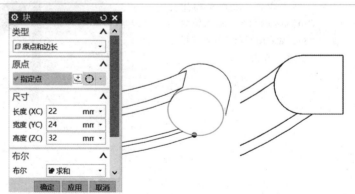	

10	创建右端 φ20 mm 和 φ6 mm 的孔 （1）选择"孔"工具，捕捉右边结构端面圆心，设置对话框中选项和参数，单击"应用"，结果如右图所示。 （2）选择右侧面，进入草绘环境，定位草绘点，之后设置对话框选项和参数，单击"确定"	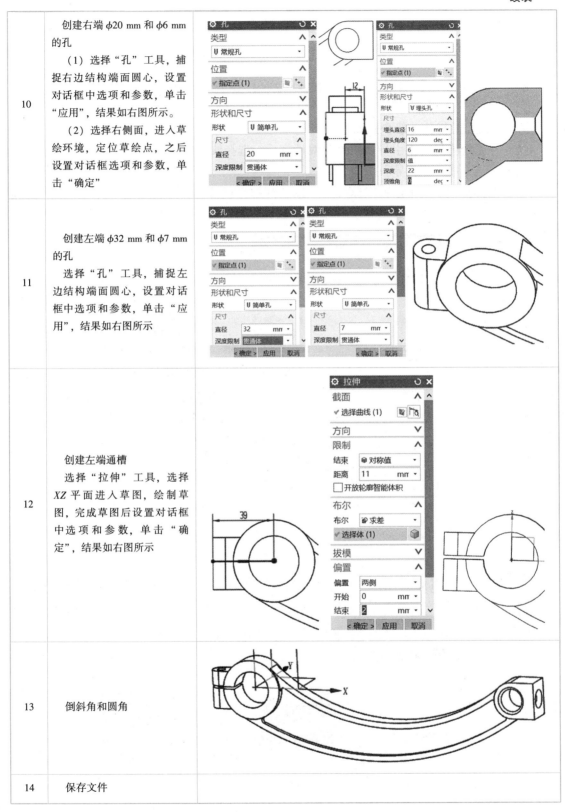
11	创建左端 φ32 mm 和 φ7 mm 的孔 选择"孔"工具，捕捉左边结构端面圆心，设置对话框中选项和参数，单击"应用"，结果如右图所示	
12	创建左端通槽 选择"拉伸"工具，选择 XZ 平面进入草图，绘制草图，完成草图后设置对话框中选项和参数，单击"确定"，结果如右图所示	
13	倒斜角和圆角	
14	保存文件	

1. 沿导引线扫掠

单击【插入】→【扫掠】→【沿引导线扫掠】选项或工具栏工具按钮 ，系统弹出"沿引导线扫掠"对话框，如图 2-81 所示。

沿引导线扫掠操作一般步骤如下：

（1）在系统弹出"沿引导线扫掠"对话框后，选择线串作为剖面线串。

（2）再选择线串作为导引线串。

（3）在偏置对话框中设置扫掠的第一偏置和第二偏置值，选择一种布尔操作，即完成扫掠。

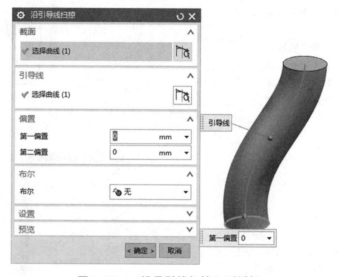

图 2-81　"沿导引线扫掠"对话框

2. 拆分体

拆分体用以使用面或基准平面将一个体分割为多个体。单击主菜单【插入】→【修剪】→【拆分体】选项或工具栏工具按钮 ，系统弹出"拆分体"对话框，选择要拆分的体，再选择作为工具的面或平面，单击【确定】按钮，得到如图 2-82 所示的结果。

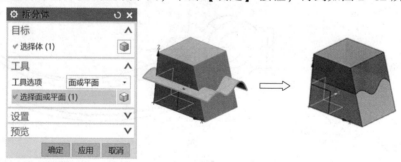

图 2-82　"拆分体"对话框

3. 修剪体

修剪体用以使用面或基准平面修剪掉一部分体。单击主菜单【插入】→【修剪】→【修剪体】选项或者工具栏工具按钮 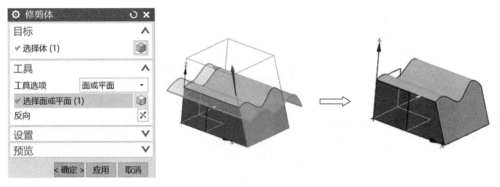，系统弹出"修剪体"对话框，选择要修剪的体，再选择作为工具的面或平面，单击【确定】按钮，得到如图 2-83 所示的结果。

图 2-83　"修剪体"对话框

提示：选择曲面拆分或修剪实体时要求曲面能完全将实体分割成两部分，否则会导致分割或修剪失败。

4. 常用特征编辑

在设计产品或零部件的时候，难免有时考虑不周全，所以需要对已有的特征进行修改完善。UG 实体特征属于参数化建模，所以通过特征编辑和同步建模可以对已有的特征进行修改完善。

"编辑特征"的工具选项如图 2-84 所示。其中，编辑参数、可回滚编辑、编辑位置、重排序、抑制、调整基准平面的大小和替换，可以直接使用部件导航器的右键菜单对应选项激活命令。在这里主要介绍实体特征的编辑参数、编辑特征定位、可回滚编辑、特征重排序。

图 2-84　"编辑特征"的工具选项

1) 编辑参数

单击【编辑】→【特征】→【编辑参数】选项或单击工具按钮 ，系统会弹出如图 2-85 所示"编辑参数"对话框。在列表中选择要编辑的特征，单击【确定】按钮，就可以回到创建对应特征时的对话框，对其进行重新编辑，操作与创建时的方法相同。激活该命令最简单的方法是直接在部件导航器中双击要编辑的特征。

图 2-85　"编辑参数"和"可回滚编辑"对话框

2) 编辑位置

编辑位置用于修改键槽、槽、腔、垫块等体素特征的定位尺寸或添加、删除定位尺寸。单击【编辑】→【特征】→【编辑位置】选项或单击工具按钮，或在部件导航器中直接双击要编辑的特征，打开"编辑位置"对话框；选择要编辑定位的特征，单击【确定】按钮，打开"编辑位置"对话框，如图 2-86 所示。同时所选特征的定位尺寸在绘图工作区中以高亮度显示。可以利用定位尺寸对话框中的"添加尺寸、编辑尺寸值、删除尺寸"来重新定位所选的特征位置。

图 2-86　"编辑位置"对话框

3) 可回滚编辑

单击【编辑】→【特征】→【可回滚编辑】选项或单击工具按钮，系统弹出如图 2-85 所示"可回滚编辑"对话框，可以看到对话框与"编辑参数"的完全相同，接下来的操作也一样。

4) 特征重排序

单击【编辑】→【特征】→【重排序】选项，系统弹出"特征重排序"对话框，如图

2-87 所示。编排特征顺序时，先在对话框上部的特征列表框中选择一个特征作为特征重新排序的基准特征，此时在下部重排特征列表框中，列出可按当前的排序方式调整顺序的特征，接着选择"在前面"或"在后面"设置排序方式，然后从"重定位特征"列表框中，选择一个要重新排序的特征即可，系统会将所选特征重新派到基准特征之前或之后。

提示：重排序也可以在部件导航器中按住要重新排序的特征直接拖动。

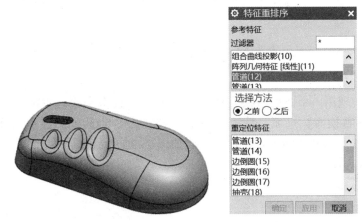

图 2-87　　"特征重排序"对话框

5. 同步建模

UG NX 提供了强大的同步建模工具，可以对非参数模型或参数模型很方便地进行各种编辑。常用的方法有：移动面、拉出面、替换面、设为共面等。

1）移动面。

单击主菜单【插入】→【同步建模】→【移动面】选项，系统弹出"移动面"对话框。举例说明操作步骤：点选上表面，运动方式：距离-角度，距离：20，角度：15，单击【确定】按钮，得到如图 2-88 所示的结果。

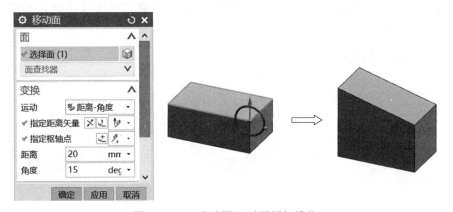

图 2-88　　"移动面"对话框与操作

2）拉出面

单击主菜单【插入】→【同步建模】→【移动面】选项，系统弹出"拉出面"对话框。举例说明操作步骤：点选上表面，运动方式：距离，距离：30，单击【确定】按钮，得到如图 2-89 所示的结果。

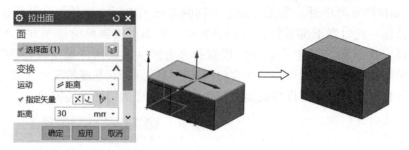

图 2-89　"拉出面"对话框与操作

3）替换面

替换面可以实现用一个曲面替换实体上选定的一个或多个面。单击主菜单【插入】→【同步建模】→【替换面】选项，系统会弹出"替换面"对话框，分别选择要替换的面和替换面，输入距离，单击【确定】按钮，得到如图 2-90 所示的结果。

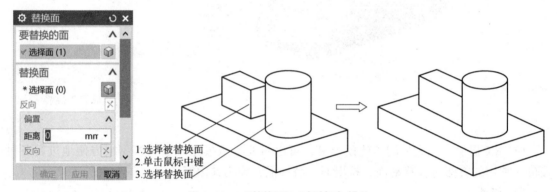

图 2-90　"替换面"对话框与操作

4）设为共面

单击主菜单【插入】→【同步建模】→【相关】→【设为共面】选项，系统弹出"设为共面"对话框，分别选择要替换的面和替换面，输入距离，单击【确定】按钮，得到如图 2-91 所示的结果。

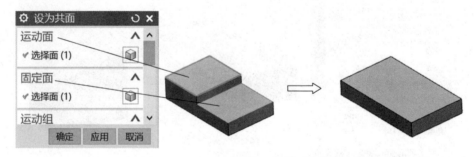

图 2-91　"设为共面"对话框与操作

任务进阶

根据如图 2-92 所示拨叉零件图（某企业产品零件图），完成零件的三维造型设计。拨叉零件建模的实施过程如表 2-10 所示。

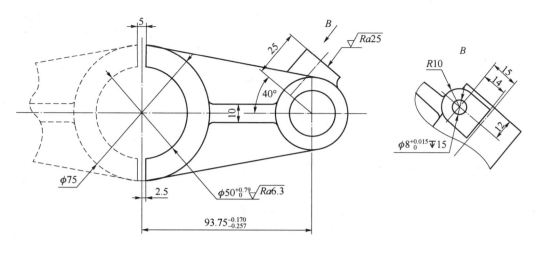

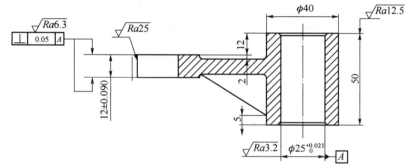

技术要求

1. 铸件不得有气孔、裂纹及砂眼缺陷。
2. 未注倒角为C1，表面粗糙度Ra为12.5 μm。
3. 未注圆角为R2~R3。
4. 与相连件合铸后切开。
5. 未注尺寸公差按GB/T 1804—2000–m。
6. 未注几何公差按GB/T 1184—1996–K。

图 2-92　拨叉零件图

表 2-10　拨叉零件建模的实施过程

1	新建文件 文件名为"拨叉.prt"，单位为毫米，模板为模型，选择文件存储位置	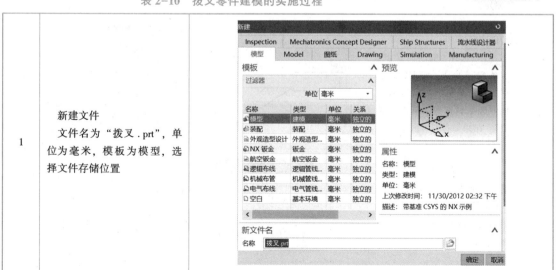

2	创建圆柱 　　使用"圆柱"工具，选择-YC矢量，指定点：93.75，0，0，直径和高度如右图所示。单击"应用"，生成右侧圆柱体。 　　继续指定点坐标：0，-12，0，单击"确定"，生成左侧圆柱体	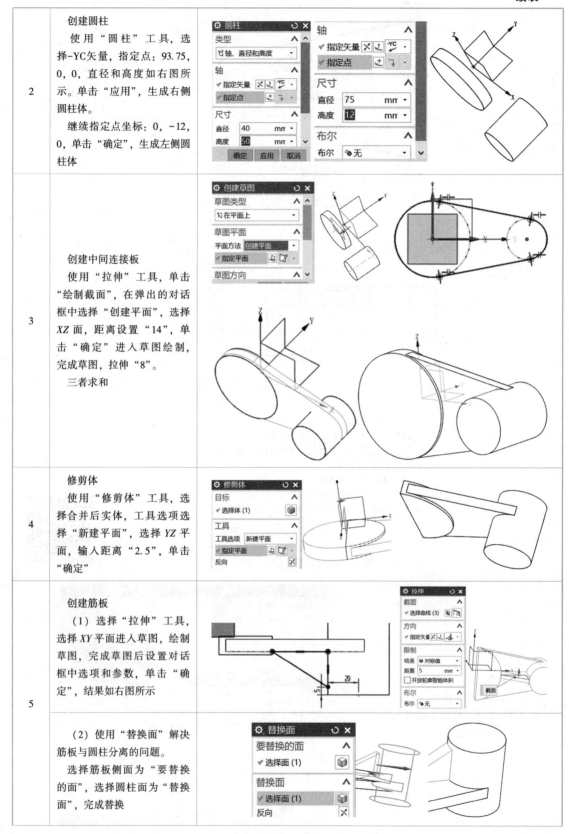	
3	创建中间连接板 　　使用"拉伸"工具，单击"绘制截面"，在弹出的对话框中选择"创建平面"，选择XZ面，距离设置"14"，单击"确定"进入草图绘制，完成草图，拉伸"8"。 　　三者求和		
4	修剪体 　　使用"修剪体"工具，选择合并后实体，工具选项选择"新建平面"，选择YZ平面，输入距离"2.5"，单击"确定"		
5	创建筋板 　　（1）选择"拉伸"工具，选择XY平面进入草图，绘制草图，完成草图后设置对话框中选项和参数，单击"确定"，结果如右图所示		
	（2）使用"替换面"解决筋板与圆柱分离的问题。 　　选择筋板侧面为"要替换的面"，选择圆柱面为"替换面"，完成替换		

5	（3）合并。 把筋板和主体合并，结果如右图所示	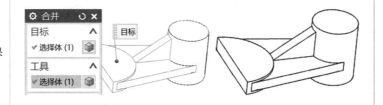
6	创建凸台 （1）草绘中心线。 选择【插入】→【任务环境中绘制草图】，选择大圆柱后端面为草图面，绘制草图，选择"完成草图"退出。 （2）选择"拉伸"工具，单击"绘制截面"，在弹出的对话框中选择草图类型"基于路径"，选择长度25 mm的线段，设置弧长百分比"0"，单击"确定"进入草图，绘制草图，完成草图后设置对话框中选项和参数，单击"确定"，结果如右图所示	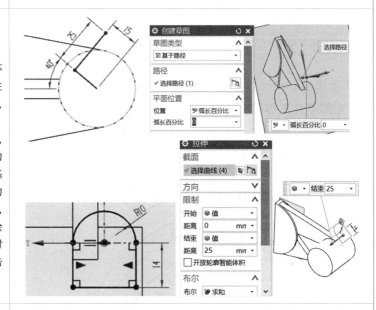
7	创建孔 （1）选择"孔"工具，捕捉右边圆柱端面圆心，设置直径"25"，深度"贯通体"，单击"应用"，结果如右图所示。 （2）继续捕捉端面圆心，设置对话框中直径"8"，深度"15"，单击"应用"	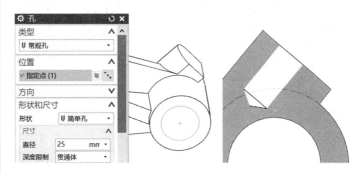
	（3）继续捕捉左边圆柱端面圆心，设置对话框中选项和参数，单击"确定"	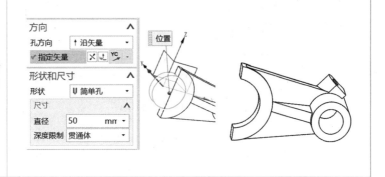

8	倒斜角和圆角	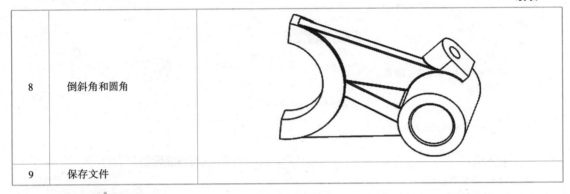
9	保存文件	

任务延拓

　　根据零件工程图，自主完成如图 2-93 和图 2-94 所示两个课后延拓任务，练习零件实体的创建。

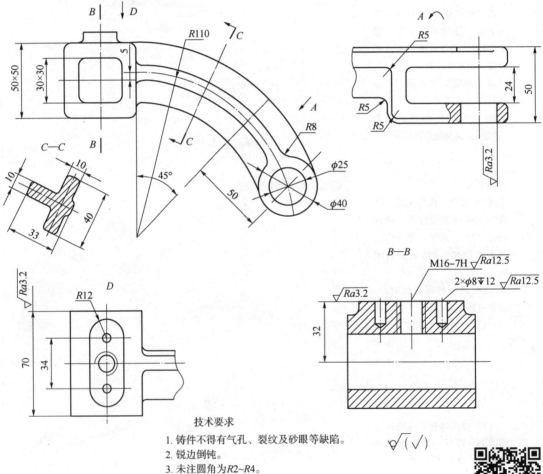

技术要求
1. 铸件不得有气孔、裂纹及砂眼等缺陷。
2. 锐边倒钝。
3. 未注圆角为 R2~R4。
4. 铸件需经时效处理。
5. 未注尺寸公差按GB/T 1804—2000-m。
6. 未注几何公差按GB/T 1184—1996-K。

图 2-93　零件建模练习 5

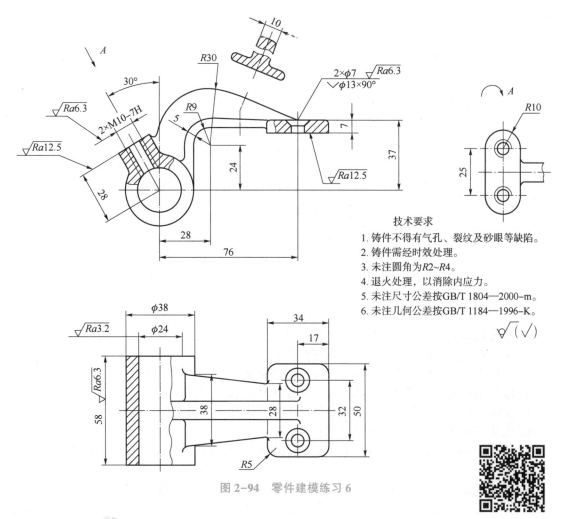

技术要求
1. 铸件不得有气孔、裂纹及砂眼等缺陷。
2. 铸件需经时效处理。
3. 未注圆角为R2~R4。
4. 退火处理，以消除内应力。
5. 未注尺寸公差按GB/T 1804—2000-m。
6. 未注几何公差按GB/T 1184—1996-K。

图 2-94 零件建模练习 6

任务评价

根据任务完成情况，填写任务实施评价表 2-11。

表 2-11 任务实施评价表

任务名称	叉架类零件建模		
班级		姓名	
地点		日期	
第___小组成员			

序号	评价内容	分值	自评 （25%）	小组评价 （25%）	教师评价 （50%）
1	学习态度	5			
2	课前尝试任务完成度	15			
3	课中工作任务完成度	30			
4	课后探索任务完成度	25			
5	任务实施方案的多样性	10			

序号	评价内容	分值	自评 （25%）	小组评价 （25%）	教师评价 （50%）
6	完成的速度	5			
7	小组合作与分工	5			
8	学习成果展示与问题回答	5			
	总分	100	合计：		
问题记录和 解决方法	实施中出现的问题和采取的解决方法				

任务 2.4　箱体类零件建模

任务目标

1. 掌握箱体类零件的结构特点、建模方法及技巧。
2. 掌握管道、凸台、垫块、腔体特征的创建方法。
3. 掌握拆分体、修剪体、替换面、常用编辑的应用。
4. 能够根据箱体类零件的结构特点，确定实体建模流程。
5. 能运用管道、凸台、垫块、矩形腔体等特征完成箱体类零件的造型。
6. 能够完成典型箱体类零件的建模任务。
7. 通过箱体类零件三维模型的创建，熟练掌握复杂零件的建模方法，进一步提升图纸识读能力。
8. 通过鼓励学生选择多种方法完成学习任务，培养创新思维与独立思考的能力。

工作任务

根据如图 2-95 所示阀体零件图，完成零件的三维造型设计。

任务分析

箱体的主要功能是包容、支撑、安装和固定部件中的其他零件，形状结构比较复杂，具有空腔、凸台、加强筋、安装板、连接孔、螺孔等结构，通常为铸造件。箱体类零件常见的有阀体、泵体、箱体、机座等。

通过对阀体和泵体零件造型，使读者能熟练掌握长方体、圆柱体、凸台、垫块、腔体等特征的使用，掌握运用 UG NX 进行箱体类零件造型的方法和特点，对其他的箱体类零件造型具有一定的借鉴作用。

阀体零件图样如图 2-95 所示，通过形体分析可知，其结构主要由阀体底座、中间圆柱空腔和两段不同直径的弯管、端面均布螺纹孔、连接法兰、圆角和倒角组成。阀体主体部分构建方法灵活多样，可以用圆柱体、管道、扫掠等，也可以使用拉伸方法得到，其余部分使用圆柱凸台、孔、阵列、倒斜角和圆角进行创建。

任务尝试

在完成阀体零件造型任务之前，先自主完成如图 2-96 所示课前尝试任务。可参考二维码链接的视频边学边练。

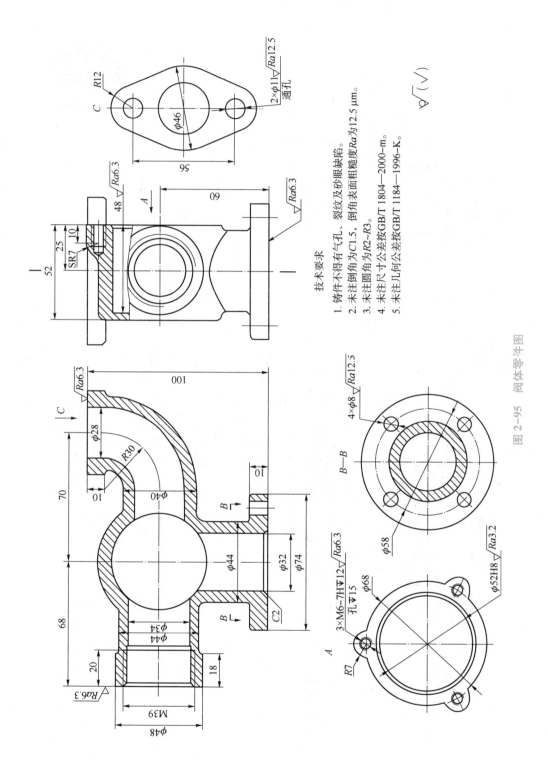

技术要求

1. 铸件不得有气孔、裂纹及砂眼缺陷。
2. 未注倒角为C1.5，倒角为R2~R3。
3. 未注圆角为R2~R3。
4. 未注尺寸公差按GB/T 1804—2000—m。
5. 未注几何公差按GB/T 1184—1996—K。

图 2-95 阀体零件图

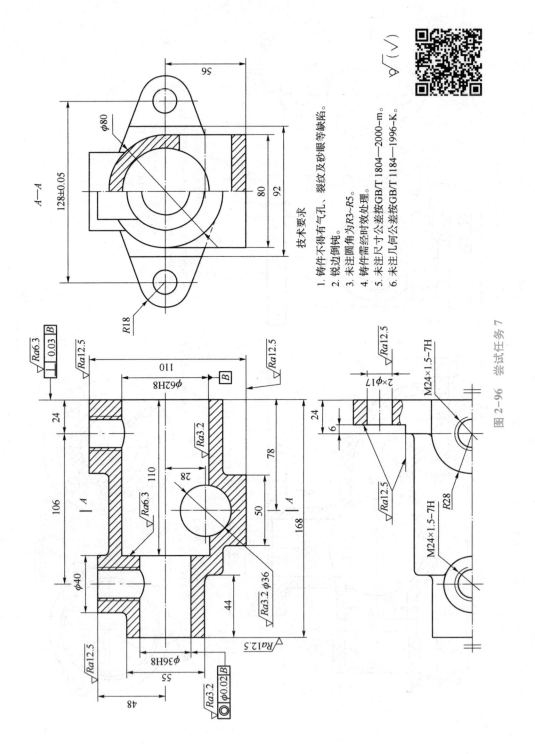

技术要求

1. 铸件不得有气孔、裂纹及砂眼等缺陷。
2. 锐边倒钝。
3. 未注圆角为R3~R5。
4. 铸件需经时效处理。
5. 未注尺寸公差按GB/T 1804—2000—m。
6. 未注几何公差按GB/T 1184—1996—K。

图 2-96 尝试任务 7

阀体零件建模流程如图 2-97 所示。

提示：图 2-97 中弯管部分左右两边的内、外径都不相等，所以两边要分别创建。

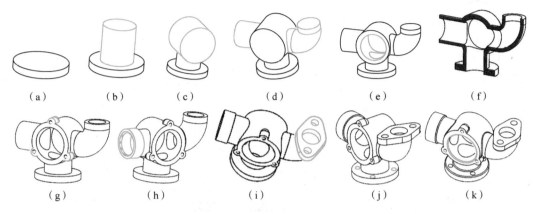

（a）　　　　（b）　　　　（c）　　　　（d）　　　　（e）　　　　（f）

（g）　　　　（h）　　　　（i）　　　　（j）　　　　（k）

图 2-97　阀体零件建模流程

（a）底座；（b）中间立柱；（c）中间横柱；（d）创建弯管；（e）创建径向和横向孔；（f）创建弯管孔；
（g）创建端面螺纹孔搭子与螺纹孔；（h）创建管端凸台与螺纹孔；（i）创建管端法兰与孔；（j）底板连接孔；（k）倒圆角和斜角

建议：先自主完成课前尝试任务，再参考表 2-12 的建模实施过程，完成阀体零件建模工作任务，并思考还有其他建模方法吗？

表 2-12　阀体零件建模的实施过程

1	**新建文件** 　　文件名为"阀体.prt"，单位为"毫米"，模板为"模型"，选择文件存储位置，单击"确定"	
2	**创建阀体底板** 　　使用"圆柱"工具创建 $\phi74$ mm×10 mm 圆柱，指定点：0，0，−60，指定矢量：+ZC	
3	**创建中间连接部分** 　　使用"凸台"工具，设置对话框中参数，选择圆柱上表面，单击"确定"，定位选择"点落到点上"，选择上表面"圆弧中心"，单击"确定"	

4	创建中间圆柱 使用"圆柱"工具创建 ϕ68 mm×54 mm 圆柱，指定点：0，−25，0，指定矢量：YC，求和	
	创建中间弯管部分 （1）创建草图。 选择"任务环境中绘制草图"选项，选择 XZ 面草绘曲线，如右图所示	
5	（2）创建弯管实体。 选择"管道"工具，输入外径"44"，选择草绘的左线段，单击"应用"，结果如右图所示。 同样的操作创建 ϕ40 mm 管道段	
	（3）合并。 选择"合并"工具，选择中间部分为"目标"，其余为"工具"，单击"确定"完成	

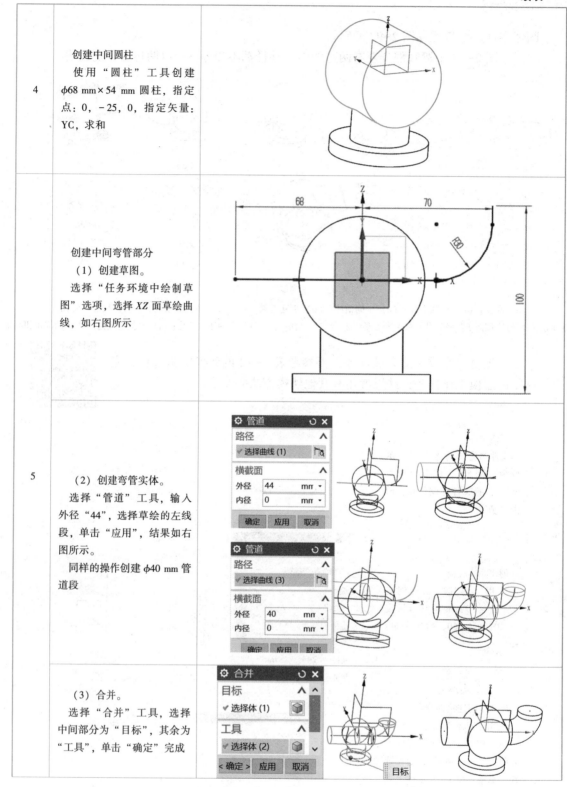

6	创建中空部分 （1）选择"孔"工具，分别捕捉端面圆心，创建 $\phi52$ mm 和 $\phi32$ mm 的孔，深度分别为"48"和"60"，单击"确定"，结果如右图所示	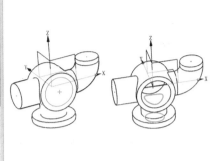
	（2）创建弯管处孔。 选择"管道"工具，输入外径"34"，选择草绘的左线段，单击"应用"，结果如右图所示。同样的操作创建外径"28"管道段。 然后求差	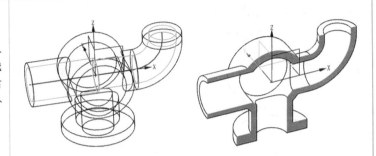
7	创建前端面螺纹孔搭子 （1）选择"圆柱"工具，捕捉前端面象限点，设置对话框中选项和参数，注意：布尔为"无"，单击"确定"。 （2）边倒圆 $R7$	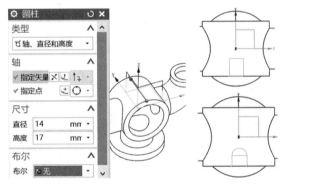
8	阵列几何体 选择"阵列几何体"命令，选择上面创建的圆柱和圆角，在弹出的对话框输入参数，选择 Y 轴为指定矢量，单击"确定"，结果如右图所示	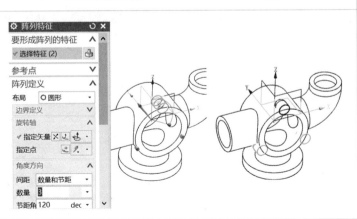

9	布尔求和 选择主体部分为目标体，其余为工具体，结果如右图所示	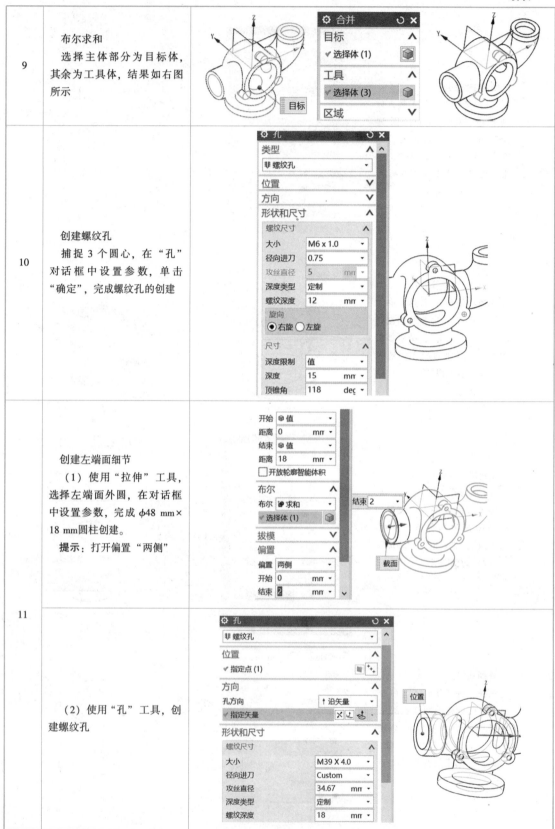
10	创建螺纹孔 捕捉 3 个圆心，在"孔"对话框中设置参数，单击"确定"，完成螺纹孔的创建	
11	创建左端面细节 （1）使用"拉伸"工具，选择左端面外圆，在对话框中设置参数，完成 φ48 mm×18 mm圆柱创建。 提示：打开偏置"两侧" （2）使用"孔"工具，创建螺纹孔	

12	创建右端面细节 （1）使用"拉伸"工具，选择右侧端面为草图面，绘制草图。退出草图，向下拉伸10，结果如右图所示。 （2）使用"孔"工具，捕捉圆弧中心，完成2个孔的创建	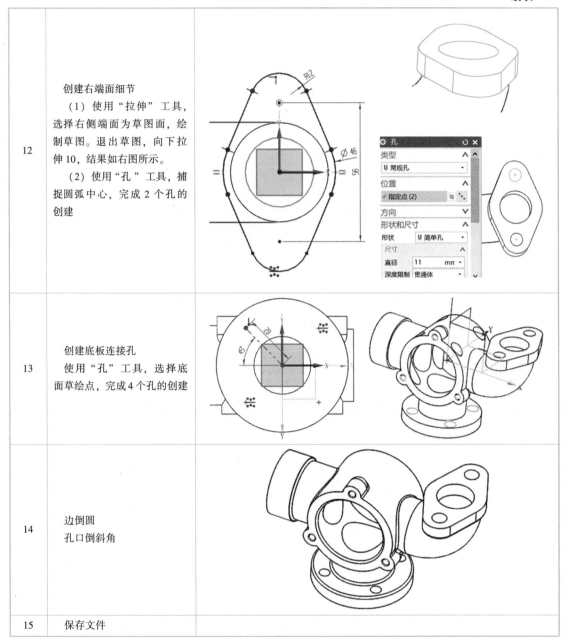
13	创建底板连接孔 使用"孔"工具，选择底面草绘点，完成4个孔的创建	
14	边倒圆 孔口倒斜角	
15	保存文件	

 知识准备

1. 管道

管道是指将圆形剖面沿一条导线扫掠得到的实体，只需要画一条导线（导线可以是一段线，也可以是多段线相切组成）不需要画截面线。在创建管道时需要输入管道的外直径和内直径，如果内径为0，则为实心管道。单击【插入】→【扫掠】→【管道】选项或单击工具栏工具按钮，弹出"管道"对话框，如图2-98所示。

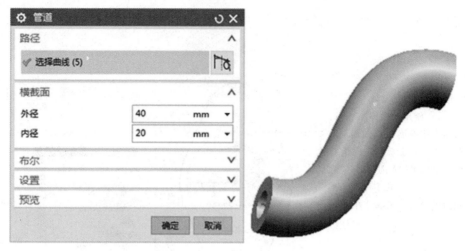

图 2-98　"管道"对话框

各主要选项的含义如下。

（1）外径：用于设置剖面曲线的外圆直径，外径不可以为 0。

（2）内径：用于设置剖面曲线的内圆直径。

2. 凸台

凸台特征用于在实体的平面上生成圆柱凸台，如图 2-99 所示。可以选择菜单项【插入】→【设计特征】→【凸台】或者单击工具栏工具按钮，激活"凸台"对话框，如图 2-99所示。

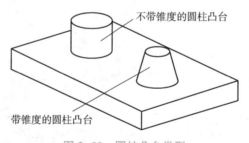

图 2-99　圆柱凸台类型

下面以在 100 mm×80 mm×20 mm 立方体上创建位于上表面中心的 ϕ30 mm×20 mm 圆柱凸台为例，说明凸台创建过程，如图 2-100 所示。

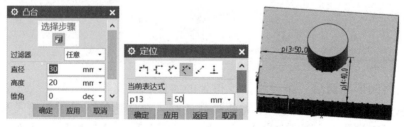

图 2-100　"凸台"对话框与操作

（1）单击命令，激活"凸台"对话框，选择上平面为放置面。

（2）对话框中设置凸台的尺寸参数，单击"确定"。

（3）弹出"定位"对话框，选择"垂直"按钮，选择上面左边线为目标边，在对话框中输入"50"，单击"应用"。

（4）再选择上面前边线为目标边，在对话框中输入"40"，单击"应用"。

3. 垫块

1）命令介绍

垫块工具可以在实体表面上生成矩形或常规形状的凸起。矩形垫块要求放置面是平面，常规垫块可以在曲面或平面上产生凸起，如图 2-101 所示。

选择【插入】→【设计特征】→【垫块】或在工具栏单击工具按钮，系统弹出"垫块"对话框，如图 2-102 所示。

矩形垫块的创建过程是：激活"垫块"对话框→选择类型→指定放置面→确定水平参考→输入垫块参数→进行垫块定位。其中水平参考用于确定矩形垫块水平边的方向，也就是对话框中长度尺寸的方向。

图 2-101　垫块类型

图 2-102　"垫块"对话框

2）举例说明

在 100 mm×100 mm×20 mm 长方体上表面中心位置创建 60 mm×30 mm×20 mm 的矩形垫块，创建过程如表 2-13 所示。

表 2-13　创建矩形垫块的过程

1	创建 100 mm × 100 mm × 20 mm长方体	
2	创建矩形垫块 （1）单击"垫块"工具按钮，在对话框选"矩形"； （2）选择长方体上表面	

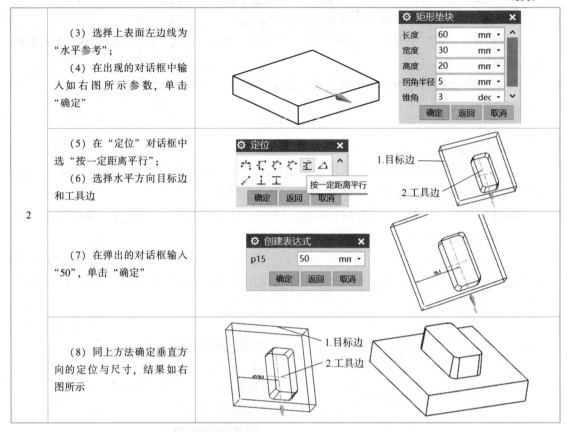

2	（3）选择上表面左边线为"水平参考"； （4）在出现的对话框中输入如右图所示参数，单击"确定"	
	（5）在"定位"对话框中选"按一定距离平行"； （6）选择水平方向目标边和工具边	
	（7）在弹出的对话框输入"50"，单击"确定"	
	（8）同上方法确定垂直方向的定位与尺寸，结果如右图所示	

4. 腔体

腔体特征可以在指定的实体中形成圆柱形、矩形或者常规的空腔，如图 2-103 所示。其中圆柱形腔和矩形腔的放置面必须是平面，常规腔体可以在曲面上创建腔体，但需要腔体的截面图。

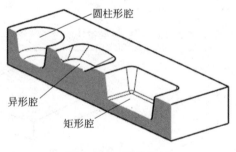

图 2-103　腔体类型

可以选择【插入】→【设计特征】→【腔体】或单击"特征"工具栏工具按钮▢，系统弹出"腔体"对话框。腔体的创建过程和圆柱凸台、垫块的创建过程基本相似，这里不再赘述。

任务进阶

根据如图 2-104 所示泵体零件图（某企业产品零件图），完成零件的三维造型设计。参考操作步骤如表 2-14 所示，其中泵体主体部分采用了两种建模方法供大家比较。

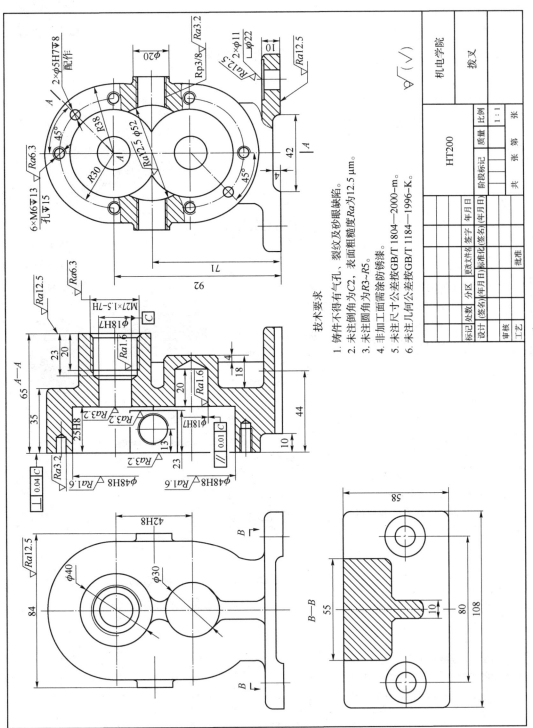

技术要求

1. 铸件不得有气孔、裂纹及砂眼缺陷。
2. 未注倒角为C2，表面粗糙度Ra为12.5 μm。
3. 未注圆角为R3~R5。
4. 非加工面需涂防锈漆。
5. 未注尺寸公差按GB/T 1804—2000—m。
6. 未注几何公差按GB/T 1184—1996—K。

								机电学院	
									泵体
						HT200	质量	比例	
					阶段标记			1:1	
							共 张 第 张		
标记	处数	分区	更改文件号	签字	年月日				
设计		(签名)(年月日)	标准化	(签名)(年月日)					
审核									
工艺		批准							

图 2-104 泵体零件图

A—A

B—B

表 2-14 泵体零件建模的实施过程

1	新建文件	文件名为"泵体 .prt",单位为"毫米",模板为"模型",选择文件存储位置,单击"确定"	
2 创建泵体主体	方法一	(1)使用"块"工具创76 mm×35 mm×42 mm 长方体,指定点:-38,0,0,单击"确定"	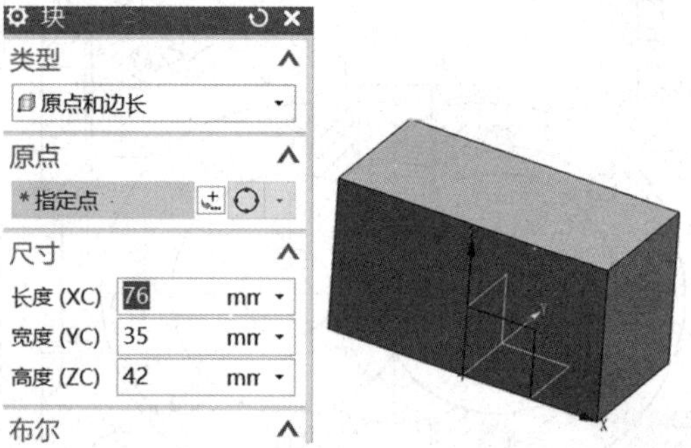
		(2)选择"圆柱"命令,选择上面前边中点,设置参数,单击"应用"。 (3)继续选择下面前边中点,设置参数,单击"确定"	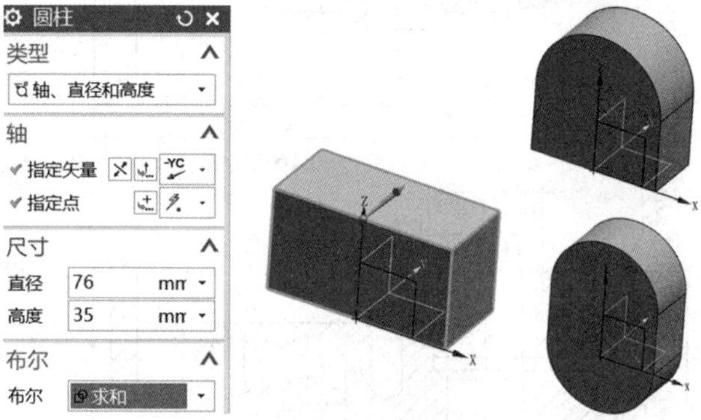
	方法二	使用"拉伸"命令,选择 XZ 为草绘面,进入草图,绘制如右图所示截面图形,完成草图,设置方向和距离,单击"确定"	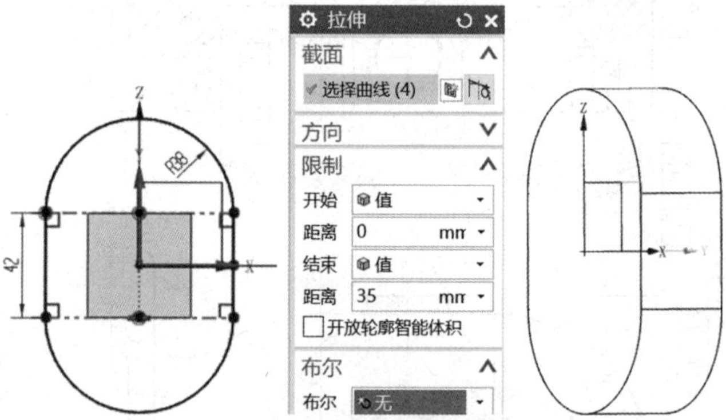
3		创建中间连接部分 使用"拉伸"工具,选择实体前面为草绘面,绘制草图,对话框输入数值如右图所示,单击"确定"	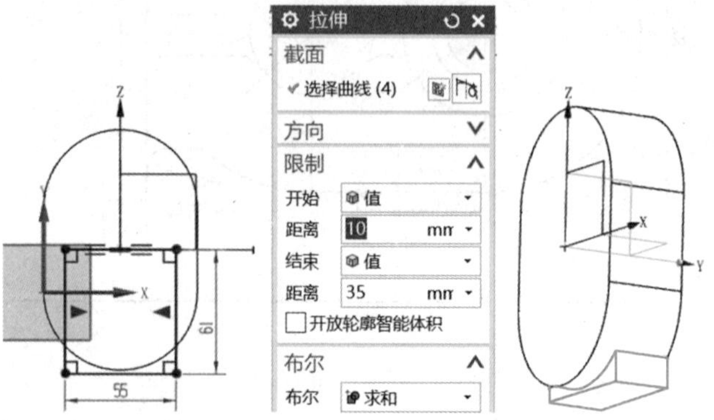

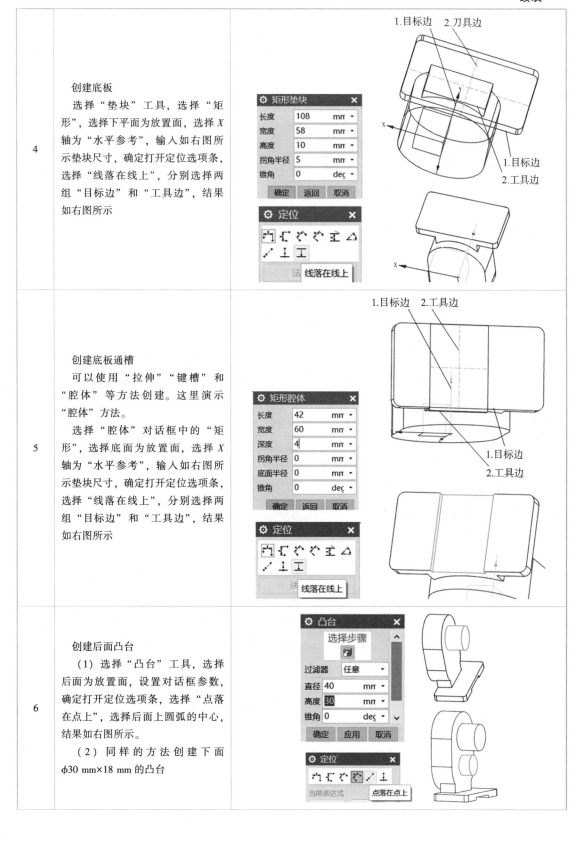

4	创建底板 选择"垫块"工具,选择"矩形",选择下平面为放置面,选择 X 轴为"水平参考",输入如右图所示垫块尺寸,确定打开定位选项条,选择"线落在线上",分别选择两组"目标边"和"工具边",结果如右图所示	
5	创建底板通槽 可以使用"拉伸""键槽"和"腔体"等方法创建。这里演示"腔体"方法。 选择"腔体"对话框中的"矩形",选择底面为放置面,选择 X 轴为"水平参考",输入如右图所示垫块尺寸,确定打开定位选项条,选择"线落在线上",分别选择两组"目标边"和"工具边",结果如右图所示	
6	创建后面凸台 (1)选择"凸台"工具,选择后面为放置面,设置对话框参数,确定打开定位选项条,选择"点落在点上",选择后面上圆弧的中心,结果如右图所示。 (2)同样的方法创建下面 $\phi 30 \text{ mm} \times 18 \text{ mm}$ 的凸台	

7	创建筋板 　选择"拉伸"工具，选择后表面为草绘面，绘制一条圆心和中点的连线，完成草图，设置对话框中选项和参数，单击"确定"，结果如右图所示	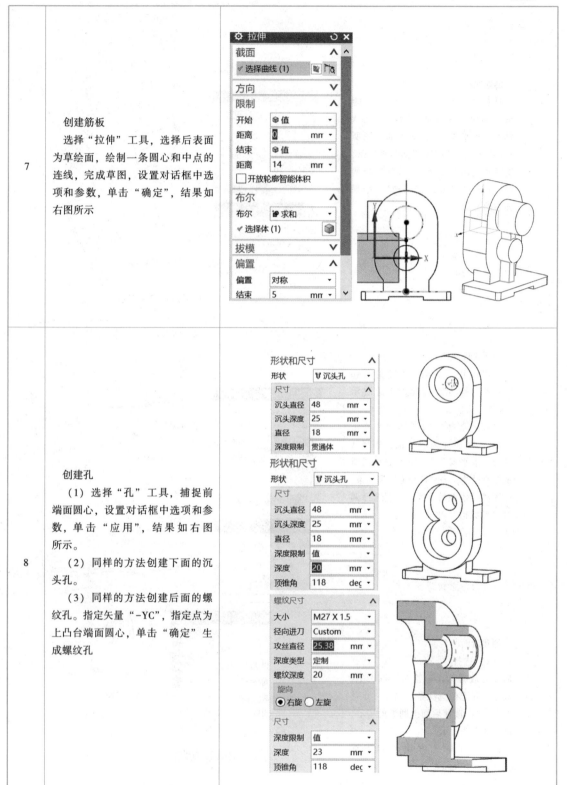
8	创建孔 　（1）选择"孔"工具，捕捉前端面圆心，设置对话框中选项和参数，单击"应用"，结果如右图所示。 　（2）同样的方法创建下面的沉头孔。 　（3）同样的方法创建后面的螺纹孔。指定矢量"−YC"，指定点为上凸台端面圆心，单击"确定"生成螺纹孔	

9	创建中间 φ52 mm×23 mm 沉孔 选择"圆柱"工具，设置对话框中选项和参数，指定矢量"YC"，指定点为坐标原点，单击"确定"生成沉孔	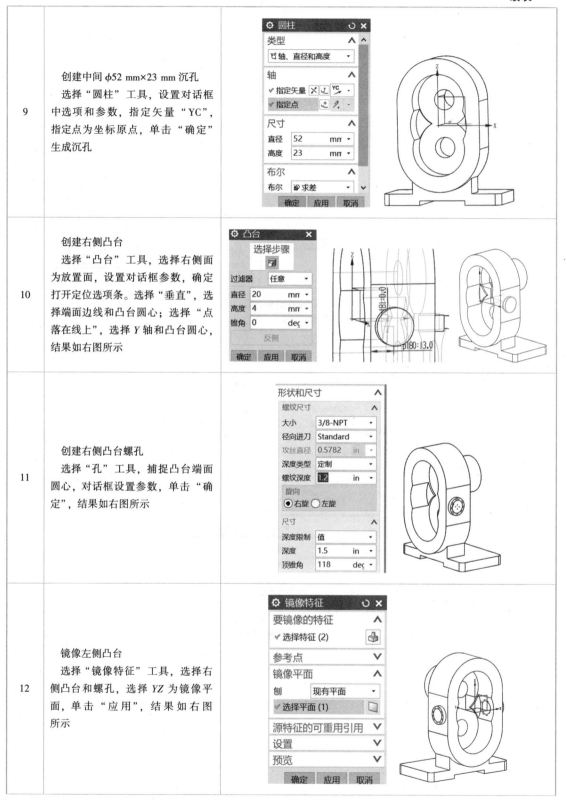
10	创建右侧凸台 选择"凸台"工具，选择右侧面为放置面，设置对话框参数，确定打开定位选项条。选择"垂直"，选择端面边线和凸台圆心；选择"点落在线上"，选择 Y 轴和凸台圆心，结果如右图所示	
11	创建右侧凸台螺孔 选择"孔"工具，捕捉凸台端面圆心，对话框设置参数，单击"确定"，结果如右图所示	
12	镜像左侧凸台 选择"镜像特征"工具，选择右侧凸台和螺孔，选择 YZ 为镜像平面，单击"应用"，结果如右图所示	

13	创建端面均布螺纹孔 （1）创建螺纹孔。 选择"孔"工具，单击前端面孔所在的大概位置，进入草绘环境，完成草图后退出。设置对话框中选项和参数，单击"确定"，结果如右图所示	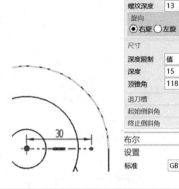 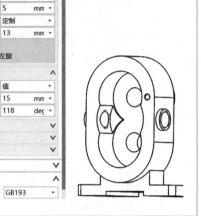
	（2）阵列孔。 选择"阵列特征"工具，"布局"选择"圆形"，选择刚才创建的螺纹孔，选择"-Y"为旋转矢量，捕捉圆心为"指定点"，设置数量"3"，节距角"90"，单击"确定"，结果如右图所示	 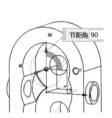 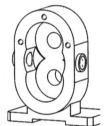
	（3）镜像孔。 选择"镜像特征"工具，选择上面创建的3个螺纹孔，选择 XY 为镜像平面，单击"确定"，结果如右图所示	 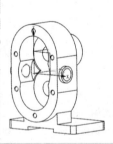
14	创建端面销孔 选择"孔"工具，单击前端面孔所在的大概位置，进入草绘环境，完成草图后退出。设置对话框中选项和参数，单击"确定"，结果如右图所示	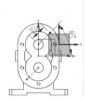

15	创建底板上沉头孔 选择"孔"工具，单击底板上平面孔所在的大概位置，进入草绘环境，完成草图后退出。设置对话框中选项和参数，单击"确定"，结果如右图所示	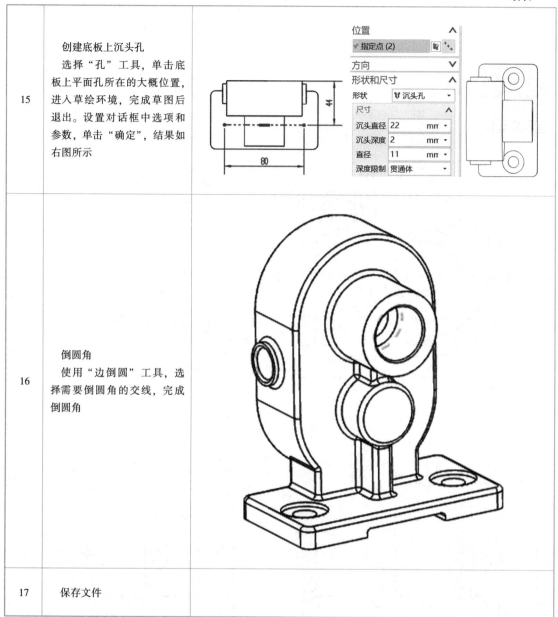
16	倒圆角 使用"边倒圆"工具，选择需要倒圆角的交线，完成倒圆角	
17	保存文件	

任务延拓

根据零件工程图，自主完成如图 2-105 和图 2-106 所示两个课后延拓任务，练习零件实体的创建。

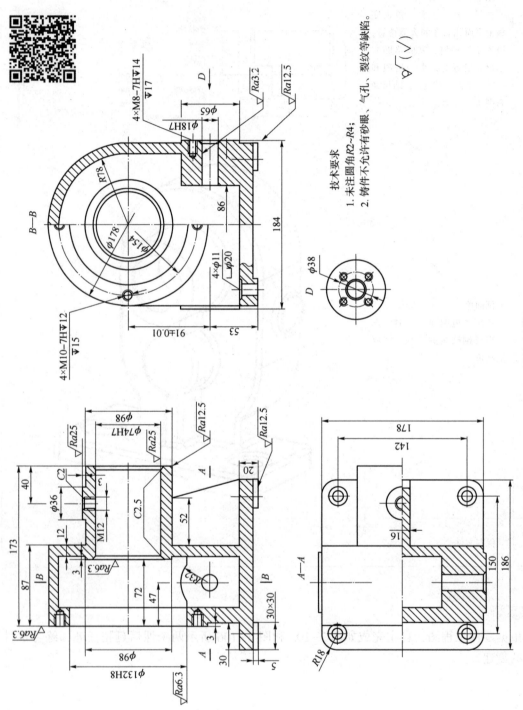

图 2-105　零件建模练习 7

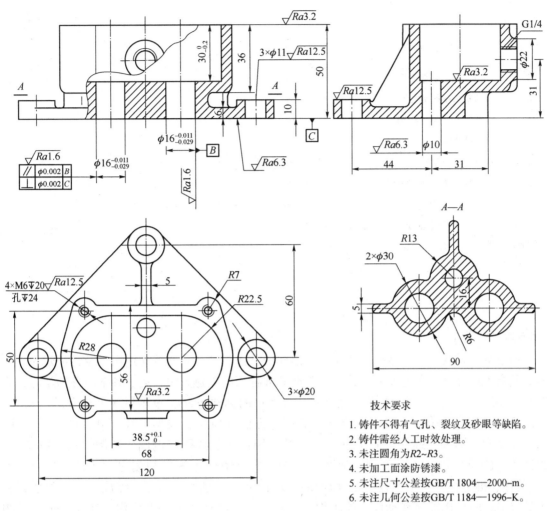

图 2-106　零件建模练习 8

技术要求

1. 铸件不得有气孔、裂纹及砂眼等缺陷。
2. 铸件需经人工时效处理。
3. 未注圆角为 $R2\sim R3$。
4. 未加工面涂防锈漆。
5. 未注尺寸公差按 GB/T 1804—2000-m。
6. 未注几何公差按 GB/T 1184—1996-K。

任务评价

根据任务完成情况，填写任务实施评价表 2-15。

表 2-15　任务实施评价表

任务名称			箱体类零件建模		
班级			姓名		
地点			日期		
第＿＿小组成员					
序号	评价内容	分值	自评 （25%）	小组评价 （25%）	教师评价 （50%）
1	学习态度	5			
2	课前尝试任务完成度	15			

序号	评价内容	分值	自评 （25%）	小组评价 （25%）	教师评价 （50%）
3	课中工作任务完成度	30			
4	课后延拓任务完成度	25			
5	任务实施方案的多样性	10			
6	完成的速度	5			
7	小组合作与分工	5			
8	学习成果展示与问题回答	5			
总分		100	合计：		
问题记录和 解决方法	实施中出现的问题和采取的解决方法				

项目小结

通过本项目的学习，掌握实体及特征建模的方法与技巧。熟练使用实体及特征建模各种命令及布尔运算完成典型零件的建模，掌握基准特征的创建方法，通过各个任务的学习，掌握基本体素（长方体、圆柱体、圆锥体、球体）的创建方法、布尔运算方法及综合应用；扫描特征（拉伸、旋转、扫掠、管道）的创建方法及应用；成型特征（孔、凸台、凸块、腔体、键槽、沟槽、螺纹等）的创建方法及应用；细节特征（倒圆角、倒斜角、拔模等）的创建方法及应用；关联复制（阵列、镜像特征、镜像体等）的创建方法及应用；修剪（修剪体、拆分体等）的创建方法及应用；偏置/缩放（抽壳、加厚、缩放体等）的创建方法及应用；同步建模（移动面、拉出面、替换面等）的创建方法及应用；特征编辑（编辑特征参数、可回滚编辑、编辑定位等）的创建方法及应用。在学习过程中应注重通过范例来体会实体建模思路和步骤，学会举一反三。实体建模是该软件基础和核心，学习好实体建模，对学习其他模块会起到重要的作用。

项目考核

一、填空题

1. 基准特征的种类有：_____、_____、基准坐标系和基准点。

2. _____是一个可以为其他特征提供参考的无限大的辅助平面。

3. 直接生成实体的方法一般称为_____，基本体素特征包括_____、_____、圆锥体、球体等特征。

4. 在进行实体求差操作时，_____是被执行布尔运算的实体，而刀具体是在目标体上执行的操作实体。

5. 拉伸建模是将草图或二维曲线对象，沿_____拉伸到某一指定的位置所形成的实体或片体。

6. 旋转建模是将草图或二维曲线对象，绕_____及指定点旋转一定的角度而形成的实体或片体。

7. 扫掠建模是将草图或二维曲线对象，沿_____扫掠形成的实体或片体。

8. 抽壳是将实体创建成薄壁体，类型有两种：_____和_____。

9. 孔特征在实体特征是成型孔，类型有_____、钻形孔、螺钉间隙孔、_____和孔系列孔 5 种类型。

二、选择题

1. 在创建螺纹时，（   ）是指在实体上以虚线来显示创建的螺纹，而不是真实显示螺纹实体特征。

A. 粗牙螺纹   B. 详细螺纹

C. 符号螺纹   D. 细牙螺纹

2. （   ）是从实体模型上临时移除一个或多个特征，即取消它们的显示。

A. 隐藏特征   B. 抑制特征

C. 删除特征   D. 拭除特征

3. （   ）特征只能在圆柱面或圆锥面上创建，其类型有：矩形、球形断槽、U 形槽三种。

A. 孔特征   B. 键槽特征

C. 割槽特征   D. 腔体特征

4. （   ）将实体一分为二，两侧都保留。

A. 修剪   B. 修剪特征

C. 分割体   D. 拆分体

5. （   ）通过编辑尺寸、添加尺寸、删除尺寸的方式来改变特征的位置。

A. 移动特征   B. 改变特征

C. 编辑位置   D. 替换特征

6. 抽壳操作时，抽壳所有面与移除面然后抽壳操作不同，它是一种通过选取（   ）进行抽壳操作方式。

A. 片体   B. 实体表面

C. 实体   D. 曲面

三、判断题（错误的打×，正确的打√）

1. 基准平面是一个可以为其他特征提供参考的无限大的辅助平面。   （   ）

2. 实体边倒圆，只能进行等半径过渡。   （   ）

3. 凸台功能只能在实体的某个平面上创建圆柱形凸台。   （   ）

4. 在旋转建模时，同一草图对象，指定的旋转轴矢量方向相同，但指定的旋转基点不同，所形成的实体或片体的结果不同。   （   ）

5. 在实体建模中，如果草图或二维曲线不封闭，拉伸得到的结果一定是片体。（   ）

四、问答题

1. 简述实体建模的步骤。

2. 基准特征有哪几种？列举 5 种基准平面的常用创建方法。

3. 什么是基本体素？基本体素有哪几种？

五、实体建模

完成图 2-107 和图 2-108 所示零件的实体建模。

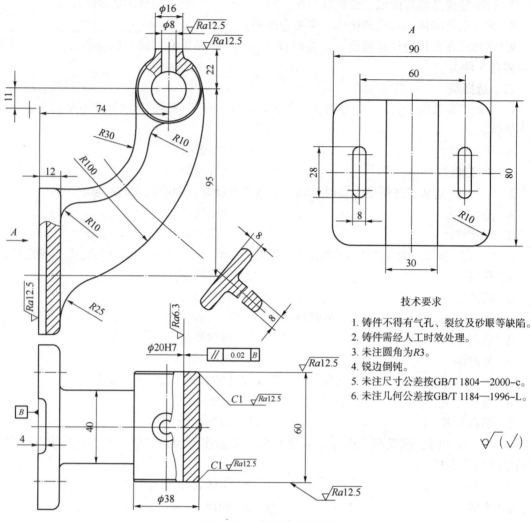

$\phi16$
$\phi8$
$\sqrt{Ra12.5}$
$\sqrt{Ra12.5}$

22

11

74

$R30$

$R10$

$R100$

12

$R10$

95

A

$\sqrt{Ra12.5}$

$R25$

8

8

$\sqrt{Ra6.3}$

$\phi20H7$

$//$ 0.02 B

$\sqrt{Ra12.5}$

$C1$ $\sqrt{Ra12.5}$

B

40

60

4

$C1$ $\sqrt{Ra12.5}$

$\phi38$

$\sqrt{Ra12.5}$

A

90

60

28

80

8

$R10$

30

技术要求

1. 铸件不得有气孔、裂纹及砂眼等缺陷。
2. 铸件需经人工时效处理。
3. 未注圆角为$R3$。
4. 锐边倒钝。
5. 未注尺寸公差按GB/T 1804—2000-c。
6. 未注几何公差按GB/T 1184—1996-L。

$\sqrt{}$ ($\sqrt{}$)

图 2-107　零件建模练习 9

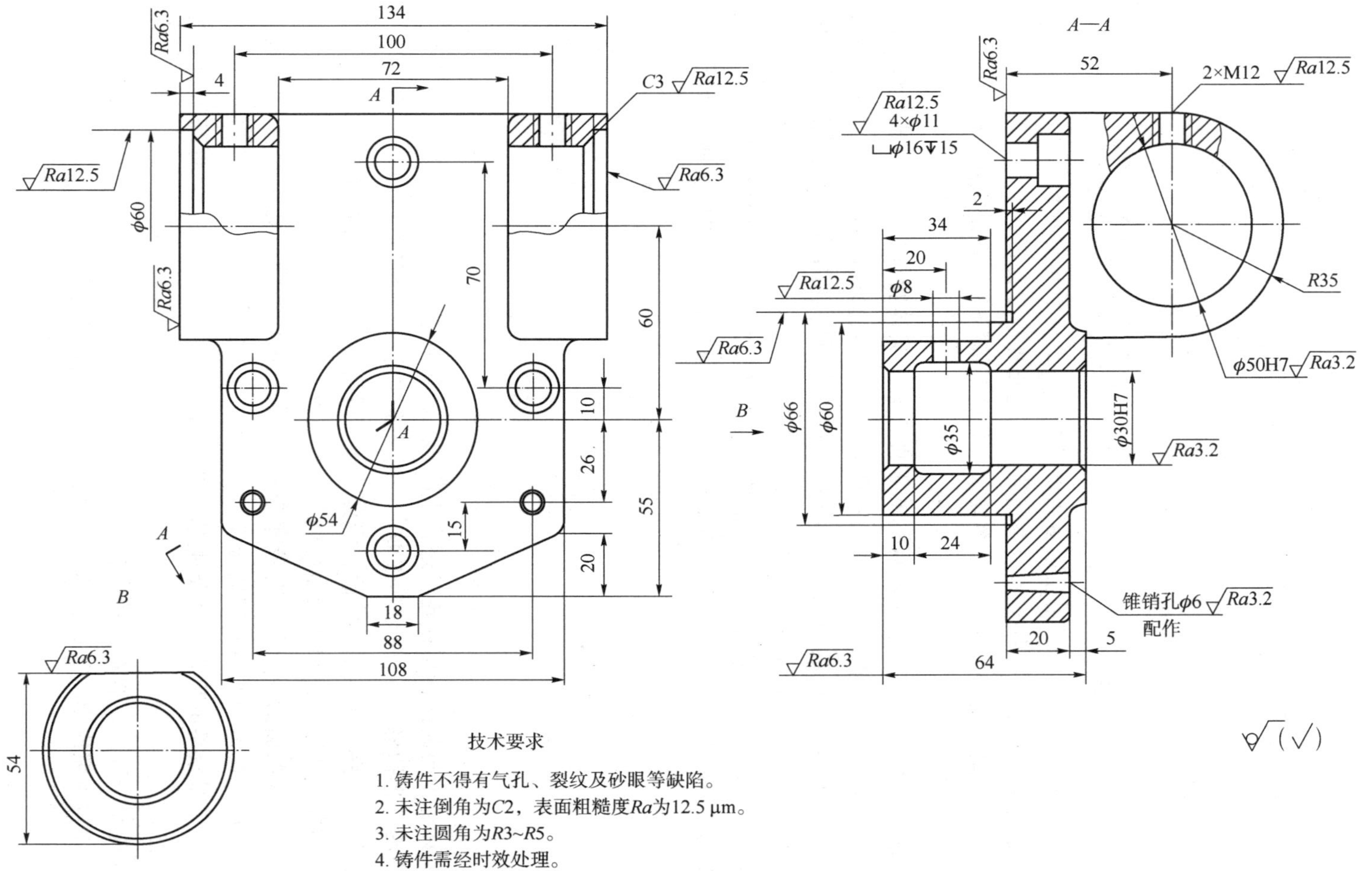

技术要求
1. 铸件不得有气孔、裂纹及砂眼等缺陷。
2. 未注倒角为C2，表面粗糙度Ra为12.5 μm。
3. 未注圆角为R3~R5。
4. 铸件需经时效处理。
5. 未注尺寸公差按GB/T 1804—2000—m。
6. 未注几何公差按GB/T 1184—1996–K。

图2-108 零件建模练习10

项目2 机械零件建模 ■ 131

项目 3　曲面零件造型

（1）中级能力要求 1.2.2 能运用空间曲线设计方法，正确创建空间曲线。
（2）中级能力要求 1.2.4 依据创建的空间曲线，能正确构建曲面模型。
（3）中级能力要求 1.2.5 依据工作任务要求，能运用编辑方法修改简单的曲面模型。

在进行产品设计时，对于形状比较规则的零件，利用实体特征的建模方式，快捷而方便，基本能满足造型的需要。但对于形状复杂的零件，就需要借助曲面工具来完成结构复杂零件的实体造型。UG NX 提供的曲面建模及相应的编辑工具，功能强大，使用方便，使产品设计更加弹性化，成为三维造型技术的重要组成。

在实际应用中，创建曲面模型并不是产品建模的最终目标，而是以曲面作为实体建模的辅助手段，构建实体模型。可以采用曲面特征直接生成零件实体，也可以将曲面特征与实体特征有机结合完成三维建模。

任务 3.1　五角星零件的造型

 任务目标

1. 掌握实体造型与曲面造型在建模过程中的相互转化应用。
2. 掌握直线、多边形、圆/圆弧和修剪、分割等常用曲线命令的应用。
3. 掌握直纹、有界平面、N 边曲面、修剪片体、缝合等常用曲面命令的应用。
4. 能够运用常用曲线创建和编辑命令创建三维线框。
5. 能够运用常用曲面命令及移动对象命令完成零件的曲面造型与复制。
6. 能够完成曲面模型向实体模型的转换。
7. 通过曲面三维模型的创建，让学生掌握曲线和曲面的创建方法，掌握基于曲面的更加灵活的建模方法。
8. 培养学生举一反三、精益求精的精神。
9. 通过学生自主完成学习任务，培养其分析与解决问题的能力。

 工作任务

根据如图 3-1 所示的五角星零件图样，完成零件三维造型。

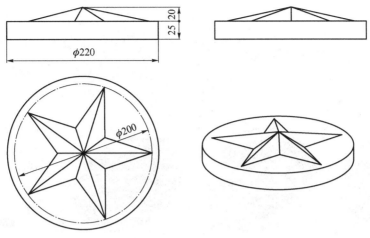

图 3-1 五角星零件图样

任务分析

五角星零件如图 3-1 所示。本任务为了练习曲面和曲线的操作，采用通过由线架生成曲面、由曲面产生实体的方式建模（可以用"直纹"直接生成实体特征）。通过多边形、直线、圆弧、修剪曲线、N 边曲面、移动、平面曲面、直纹面、缝合等命令，完成由线架到曲面，再由曲面缝合成实体的零件建模过程。

任务尝试

在完成五角星零件造型任务之前，先自主完成如图 3-2 所示课前尝试任务，完成零件线架、曲面和实体的创建。

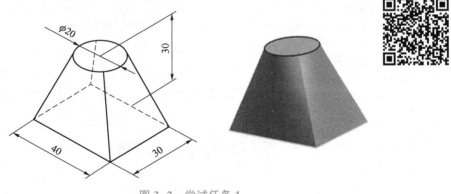

图 3-2 尝试任务 1

任务实施

五角星零件的建模流程如图 3-3 所示。

建议：先自主完成课前尝试任务，再参考表 3-1 的建模实施过程，完成五角星零件建模工作任务，并思考还有其他建模方法吗？

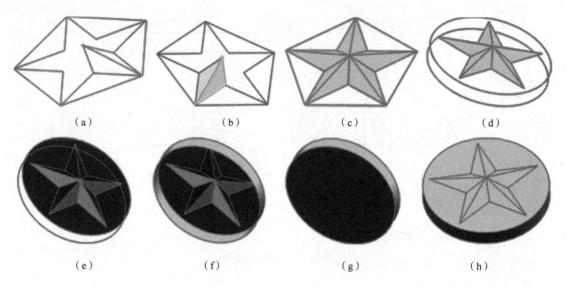

（a）　　　　　　　（b）　　　　　　　（c）　　　　　　　（d）

（e）　　　　　　　（f）　　　　　　　（g）　　　　　　　（h）

图 3-3　五角星零件建模流程

（a）创建线架；（b）创建一个角曲面；（c）复制线架和曲面；（d）绘制圆柱线架；
（e）创建上平面；（f）创建柱面；（g）创建底平面；（h）缝合成实体

表 3-1　五角星零件建模的实施过程

1	新建文件 　　文件名为"五角星.prt"，单位为"毫米"，模板为"模型"，选择文件存储位置，单击"确定"	
2	绘制五边形 　　选择"曲线"工具栏"多边形"命令，在弹出的对话框中输入"5"，选择"外接圆半径"，输入半径"100"和方位角"0"，确认坐标原点，单击"确定"绘制曲线如右图所示	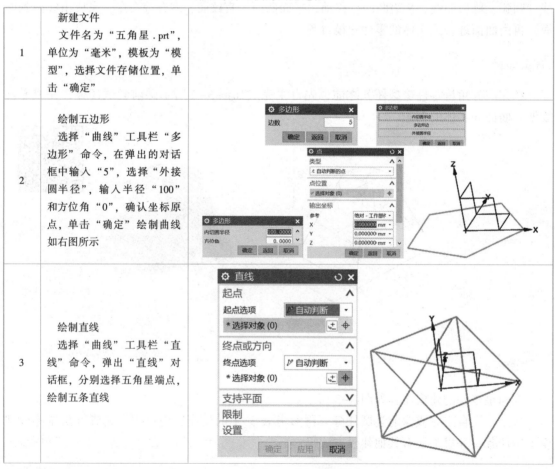
3	绘制直线 　　选择"曲线"工具栏"直线"命令，弹出"直线"对话框，分别选择五角星端点，绘制五条直线	

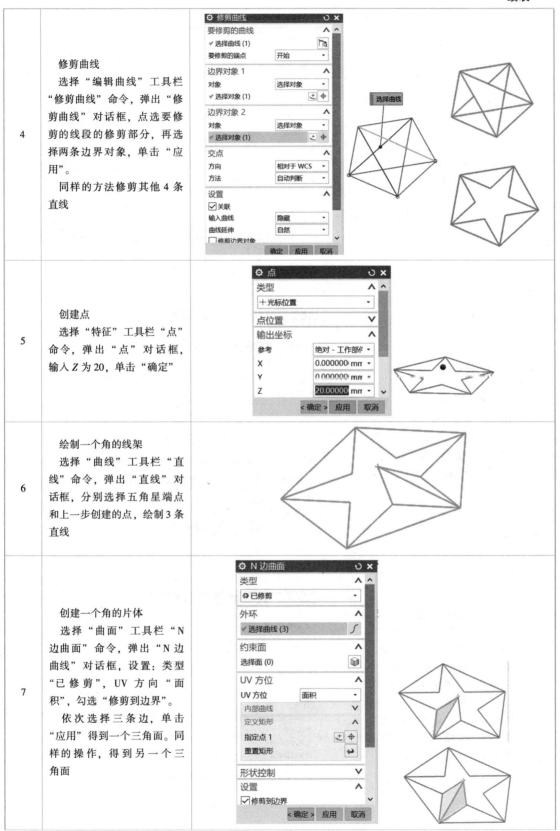

4	修剪曲线 选择"编辑曲线"工具栏"修剪曲线"命令,弹出"修剪曲线"对话框,点选要修剪的线段的修剪部分,再选择两条边界对象,单击"应用"。 同样的方法修剪其他4条直线		
5	创建点 选择"特征"工具栏"点"命令,弹出"点"对话框,输入Z为20,单击"确定"		
6	绘制一个角的线架 选择"曲线"工具栏"直线"命令,弹出"直线"对话框,分别选择五角星端点和上一步创建的点,绘制3条直线		
7	创建一个角的片体 选择"曲面"工具栏"N边曲面"命令,弹出"N边曲线"对话框,设置:类型"已修剪",UV方向"面积",勾选"修剪到边界"。 依次选择三条边,单击"应用"得到一个三角面。同样的操作,得到另一个三角面		

8	复制 4 个角的线架与面 单击下拉菜单【编辑】→【移动对象】选项，在对话框设置：选择 3 条线和 2 个面，运动选"角度"，矢量 ZC，轴点选前面创建的点，角度"72"，勾选"复制原先的"，非关联副本数"4"，单击"确定"，结果如右图所示。 提示：可以逐一创建线和面，还可以通过阵列特征的方法实现		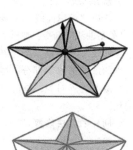
9	创建圆柱线架 （1）创建上面的圆。 选择"曲线"工具栏"圆弧/圆"命令，弹出对话框，中心点选择坐标原点，勾选"整圆"，输入半径"110"，完成 XY 面上圆的绘制		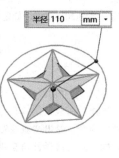
	（2）创建下面的圆。 单击下拉菜单【编辑】→【移动对象】选项，在"移动对象"对话框设置：选择上一步创建的圆为移动对象，运动选"距离"，矢量−ZC，距离"25"，勾选"复制原先的"，非关联副本数"1"，单击"确定"，结果如右图所示		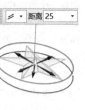

10	创建上平面 （1）创建上面的圆平面。 选择"曲面"工具栏"有界平面"命令，弹出"有界平面"对话框，选择上面的圆，得到圆平面	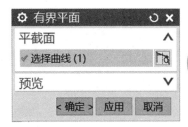	
	（2）修剪圆平面。 选择"特征"工具栏"修剪片体"命令，弹出"修剪片体"对话框，目标片体选择上面创建的圆平面，边界选择五角星底面的10条线。 提示："区域"选项组如果勾选"保留"，选择修剪片体时应选在保留部分，如果勾选"放弃"，则选在舍弃部分		
11	创建圆柱面 选择"曲面"工具栏"直纹"命令，弹出"直纹"对话框，选择上面圆为截面线串1，按鼠标中键确认，选择下面圆为截面线串2，设置体类型为"片体"，结果如右图所示。 提示：确保线串箭头方向一致		
12	创建下平面 选择"曲面"工具栏"有界平面"命令，弹出"有界平面"对话框，选择下面的圆，得到圆平面	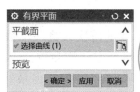	

13	缝合曲面 　　选择"特征"工具栏"缝合"命令，弹出"缝合"对话框，选择底面片体为目标体，选择其余片体为目标片体，单击"确定"，完成缝合，得到的实体如右图所示	
14	保存文件	

 知识准备

1. 曲面的基本概念

1）实体、片体和曲面

在 UG NX 中，构造的物体类型有 2 种：实体与片体。实体是具有一定体积和质量的实体性几何特征。片体是相对于实体而言的，它只有表面，没有体积，并且每一个片体都是独立的几何体，可以包含一个特征，也可以包含多个特征。

（1）实体：具有厚度、由封闭表面包围的具有体积的物体。

（2）片体：厚度为 0，没有体积存在。

（3）曲面：任何片体、片体的组合以及实体的所有表面。

2）曲面的 U、V 方向

在数学上，曲面是用两个方向的参数定义的：行方向由 U 参数、列方向由 V 参数定义。对于"通过点"的曲面，大致具有同方向的一组点构成行方向，与行大约垂直的一组点构成了列方向。对于"直纹面"和"通过曲线组"的生成方法，曲线方向代表了 U 方向。对于"通过曲线网格"的生成方法，主曲线和交叉曲线方向代表了 U 方向和 V 方向，如图 3-4 所示。

图 3-4　曲面的 U、V 方向

3）曲面的阶次

曲面的阶次类似于曲线的阶次，是一个数学概念，用来描述片体的多项式的最高阶次数，由于片体具有 U、V 两个方向的参数，因此，需分别指定阶次数。在 UG NX 中，片体在 U、V 方向的阶次数必须介于 2~24，但最好采用 3 阶次，称为双三阶次曲面。曲面的阶次过高会导致系统运算速度变慢，甚至在数据转换时，容易发生数据丢失等情况。

2. 曲面实体建模的步骤

（1）新建一个模型文件；

（2）利用曲线及曲线编辑工具条绘制三维线架；

（3）利用曲面及曲面编辑工具条绘制曲面；

（4）利用曲面缝合或曲面加厚等功能完成实体化建模，或者利用曲面与实体特征混合建模。

3. 曲线常用命令

1）直线的绘制

在 UG NX 中，直线是指通过两个指定点绘制而成的轮廓线，其具体参数可以通过"直线"对话框控制或者直接输入数据，也可以拖动直线上控制点自由地调整直线，它作为一种基本的构造图元，在空间中无处不在。

单击【插入】→【曲线】→【直线】选项或单击工具条中图标按钮，弹出"直线"对话框，如图 3-5 所示。

图 3-5 "直线"对话框

以绘制从坐标原点出发、沿 Y 轴长 100 mm 的直线为例，操作步骤：选择工具条中的"直线"命令，选择原点，向 Y 方向移动鼠标，输入 100，单击"确定"完成，如图 3-6 所示。

2）圆弧/圆的绘制

单击【插入】→【曲线】→【圆弧/圆】选项或单击工具条中图标按钮，打开"圆弧/圆"对话框，如图 3-7 所示。圆弧和圆是构建复杂几何曲线的基本图素之一，其中圆弧的创建方式有两种，分别是"三点画圆弧"和"从中心开始的圆弧和圆"。

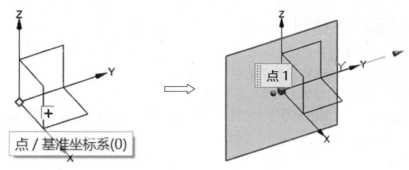

图 3-6　直线绘制

（1）三点画圆弧：制图要素有圆弧起点、终点及半径值（或圆上点），如图 3-7 所示。

（2）从中心开始的圆弧：制图要素有中心点位置、圆上点或者半径值，如图 3-8 所示。

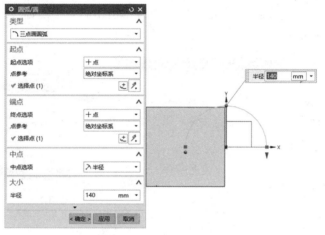

图 3-7　三点画圆弧 I

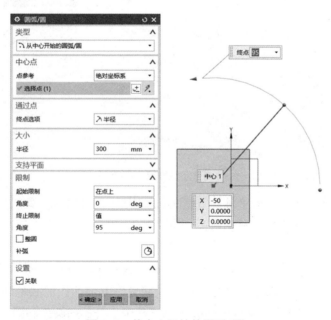

图 3-8　从中心开始的圆弧/圆

绘制整圆：将"圆弧/圆"对话框中限制选项组的"整圆"复选框勾选，可以用三点画圆或给定中心画圆两种方法画圆，如图 3-9 所示。

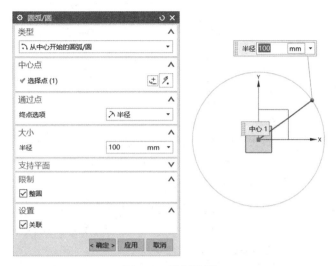

图 3-9　绘制整圆

3）多边形的绘制

UG 软件提供了"外接圆半径""内切圆半径""多边形边"三种创建方法。

单击【插入】→【曲线】→【多边形】选项或单击工具栏中图标按钮，打开"多边形"对话框。输入边数，然后单击"确定"按钮，弹出"多边形"类型选择对话框，如图 3-10 所示。然后根据需要选择绘制多边形的类型，单击"确定"按钮之后输入相关参数，弹出"多边形中心点位置"对话框，设置点的位置，最终创建多边形。其绘制方法与草图的绘制方法相同，在此不再赘述。

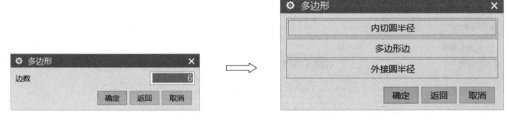

图 3-10　"多边形"对话框与类型选择

4）修剪曲线

单击【编辑】→【曲线】→【修剪】选项或单击工具栏中图标按钮，打开"修剪曲线"对话框，依据系统提示选取欲修剪的曲线及边界线，设置修剪参数完成操作，如图 3-11 所示。

5）分割曲线

将指定曲线分割成多个曲线段，所创建的每个分段都是单独的曲线，并且与原始曲线使用相同的线型。分割后原来的曲线参数被移除。

单击菜单【编辑】→【曲线】→【分割】选项或单击工具栏中图标按钮，打开"分割曲线"对话框，如图 3-12 所示，提供了 5 种曲线的分割方式。

图 3-11 修剪曲线

图 3-12 "分割曲线"对话框

"段数"下拉列表中具体含义如下：

（1）等参数。根据曲线的参数特性将选定的曲线等分。曲线的参数因曲线类型而异：如果选择直线，则根据输入的段数分割起点和终点之间的总线性距离。如果选择圆弧或椭圆，则根据输入的段数分割圆弧的总夹角。

（2）等弧长。将选定的曲线分割为几条单独的等长曲线。

4. 曲面常用命令

1）直纹面

直纹面是通过选定两条截面线串生成的直纹片体或实体。截面线串可以由单个或多个对象组成，每个截面线串类型可以是曲线、实体边或实体面。

单击主菜单【插入】→【网格曲面】→【直纹】选项或工具栏中图标按钮 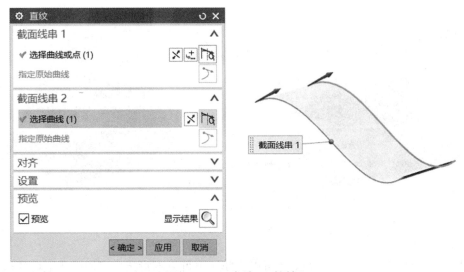，打开
"直纹"对话框，如图 3-13 所示。

图 3-13 "直纹"对话框

对话框中"对齐"选项主要是指截面线串上的连接点的分布规律和两条截面线串的对
齐方式。当用户选择完截面线串后，系统将在截面线串上产生一些控制连接点，达到控制曲
面。其中包含 7 个选项，如图 3-14 所示。

图 3-14 "对齐"选项

以下是常用选项：

（1）参数。参数是指沿曲线等参数点分布连接点，即曲线要通过的点以相等的参数间隔
隔开。如果截面线是直线，则等间距分布连接点。如果截面线是曲线，则等弧长分布连接
点。该选项是默认方式。

（2）根据点。沿截面放置对齐点及其对齐线，如果对现有控制连接点不满意，还以通过
"重置"添加和删除对齐点，并可通过在截面上拖动来移动这些点。对于多段曲线或者具有
尖点的曲线可以采用该对齐方式。

（3）弧长。对所指定的曲线以相等弧长的间距穿过曲线产生片体，所选取曲线的全部长
度，将完全被等分。

提示：直纹面仅支持两个截面对象。第 2 条曲线的箭头方向应与第 1 条线的箭头方向一致，否则会导致曲面扭曲。如果所选取的曲线都是闭合曲线，就会产生实体，如图 3-15 所示。

图 3-15　截面对象箭头方向与效果

2）N 边曲面

N 边曲面是由多个相连接的曲线（可以封闭，也可以不封闭；可以是平面曲线链，也可以是空间曲线链）而生成的曲面。

单击【插入】→【网格曲面】→【N 边曲面】选项或单击工具栏中图标按钮，弹出"N 边曲面"对话框，顺序拾取各条曲线，然后单击【确定】按钮，完成曲面创建，如图 3-16 所示。

3）有界平面

有界平面是由在同一平面的、封闭的曲线轮廓（曲线轮廓可以是一条曲线，也可以是多条曲线首尾相连的）生成的平面。

单击【插入】→【曲面】→【有界平面】选项或单击工具栏中图标按钮，弹出"有界平面"对话框，拾取封闭的轮廓曲线，然后单击【确定】按钮完成曲面创建，如图 3-17 所示。

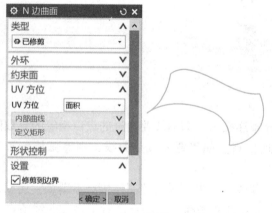

图 3-16　"N 边曲面"对话框

图 3-17　"有界平面"对话框

4）曲面缝合

缝合用于将两个或两个以上的片体缝合为单一的片体。如果被缝合的片体封闭成一定体积，缝合后可形成实体（片体与片体之间的间隙不能大于指定的公差，否则结果是片体而不是实体）。

单击【插入】→【组合】→【缝合】选项或单击工具栏中图标按钮📖，弹出"缝合"对话框，类型选"片体"，目标选"曲面 1"，工具选"曲面 2"，单击【确定】按钮，将 1、2 曲面缝合为一体，如图 3-18 所示。

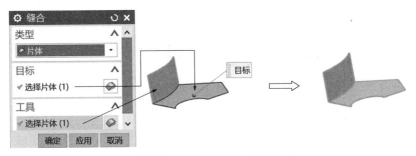

图 3-18　"缝合"对话框

5）修剪片体

修剪片体是通过投影边界轮廓线对片体进行修剪。例如，要在一张曲面上裁掉一部分曲面，都需要曲面裁剪功能。其结果是关联性的修剪片体。

单击【插入】→【修剪】→【修剪片体】选项或单击工具栏中图标按钮✂，弹出"修剪片体"对话框。选择需要修剪的目标片体（曲面）和作为修剪边界的边界对象（曲线或边），投影方向：确定边界的投影方向，用来决定修剪部分在投影方向上反映在曲面上的大小，主要有垂直于面、垂直于曲线平面及沿矢量三种方式（选择垂直于曲线平面）；区域用于选择需要剪去或者保留的区域（保留：修剪时所指定的区域将被保留；舍弃：修剪时所指定的区域将被删除），如图 3-19 所示。

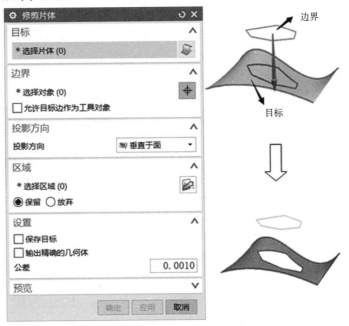

图 3-19　"修剪片体"对话框与操作

5. 移动对象

移动对象用以移动或复制对象，对象可以是曲线、曲面或实体。单击【编辑】→【移动对象】选项或输入快捷键 Ctrl+T，弹出"移动对象"对话框，如图 3-20 所示。其中变换移动方式有 10 种，常用的是距离和角度方式。结果选项组有"移动原先的"和"复制原先的"，其中"复制原先的"比较常用，操作方法与阵列类似。不同之处在于复制出来的副本数量不包括原对象。

图 3-20 "移动对象"对话框

任务延拓

自主完成如图 3-21 和图 3-22 所示两个课后延拓任务，练习零件线架和曲面的创建。

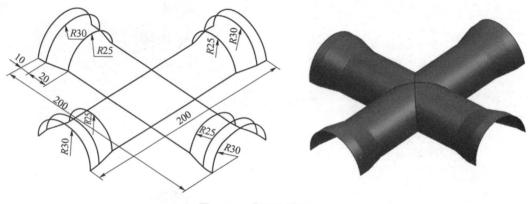

图 3-21 曲面建模练习 1

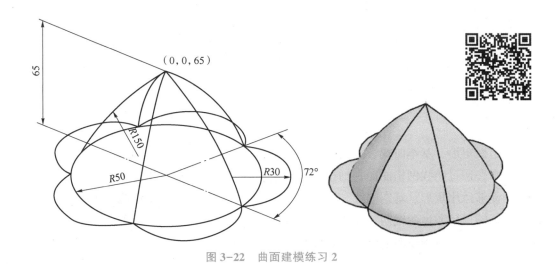

图 3-22　曲面建模练习 2

根据任务完成情况，填写任务实施评价表 3-2。

表 3-2　任务实施评价表

任务名称		五角星零件的造型			
班级			姓名		
地点			日期		
第___小组成员					
序号	评价内容	分值	自评 （25%）	小组评价 （25%）	教师评价 （50%）
1	学习态度	5			
2	课前尝试任务完成度	15			
3	课中工作任务完成度	30			
4	课后延拓任务完成度	25			
5	任务实施方案的多样性	10			
6	完成的速度	5			
7	小组合作与分工	5			
8	学习成果展示与问题回答	5			
总分		100	合计：		
问题记录和 解决方法	实施中出现的问题和采取的解决方法				

1. 掌握矩形、基本曲线、连结曲线、投影曲线、镜像曲线命令的应用。
2. 掌握通过曲线网格曲面、扫掠、曲面加厚等曲面命令的应用。
3. 能够运用矩形、基本曲线、圆角、连结曲线、曲线修剪命令创建三维线框。
4. 能够运用通过曲线网格曲面、曲面加厚等特征工具完成零件造型。
5. 通过曲面三维模型的创建，让学生掌握曲线和曲面的创建方法，掌握基于曲面的更加灵活的建模方法。
6. 通过学生自主完成学习任务，培养其分析与解决问题的能力。

工作任务

根据如图 3-23 所示异形壳体零件图样，完成零件的三维造型设计。

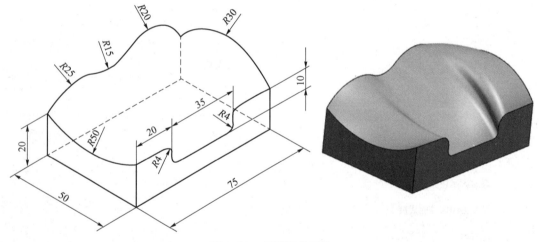

图 3-23　异形壳体零件

任务分析

异形壳体零件图样如图 3-23 所示，由不规则的上表面和侧面组成。可以通过曲线绘制与编辑命令得到线架，再由网格曲面、平面曲面、缝合、加厚等曲面创建与编辑命令完成零件建模。

提示：这些曲面还可以用扫掠工具创建，请大家试一试。

任务尝试

在完成异形壳体零件造型任务之前，先自主完成如图 3-24 所示课前尝试任务。可参考二维码链接的视频边学边练。

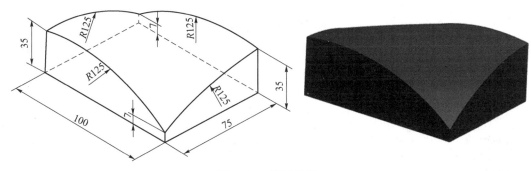

图 3-24 尝试任务 2

异形壳体零件建模流程如图 3-25 所示。

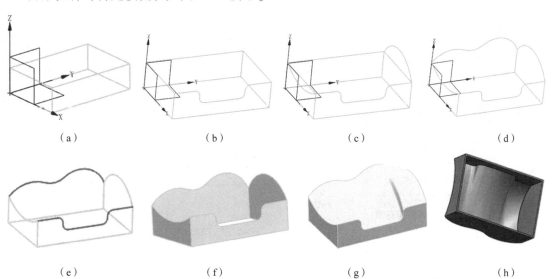

（a）　　　　　　（b）　　　　　　（c）　　　　　　（d）

（e）　　　　　　（f）　　　　　　（g）　　　　　　（h）

图 3-25　异形薄壳零件建模流程

（a）创建长方体线框；（b）创建前面曲线；（c）创建左、右侧面圆弧；（d）创建后面曲线；

（e）前后曲线转变为样条线；（f）创建四周曲面；（g）创建顶面；（h）缝合并加厚

建议：先自主完成课前尝试任务，再参考表 3-3 的建模实施过程，完成异形壳体零件建模工作任务，并思考还有其他建模方法吗？

表 3-3　建模实施过程

| 1 | 新建文件　文件名为"异形薄壳.prt"，单位为"毫米"，模板为"模型"，选择文件存储位置，单击"确定" | |

2	创建长方体线框 （1）选择"曲线"工具栏"矩形"命令，弹出"点"对话框，输入点坐标 0，0，0 和 50，75，0，单击"确定"完成矩形绘制		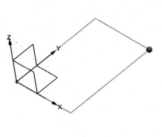
	（2）选择【编辑】→【移动对象】命令，对话框中设置： 选择矩形 4 条线； "运动"选择"距离"； "矢量"选择"ZC"； "距离"输入 20； 勾选"复制原先的"； "非关联副本数"为 1； 勾选"创建追踪线"， 单击"应用"，结果如右图所示		
3	创建前侧面曲线 （1）继续【移动对象】命令，"运动"选择"距离"，勾选"复制原先的"，"非关联副本数"为 1，去掉"创建追踪线"。 选择前面左边竖线，"矢量"选择"YC"，"距离"输入 20，单击"应用"；选择前面右边竖线，"矢量"选择"-YC"，单击"应用"。选择前面下水平线，"矢量"选择"ZC"，"距离"输入 10，单击"确定"		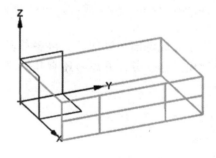

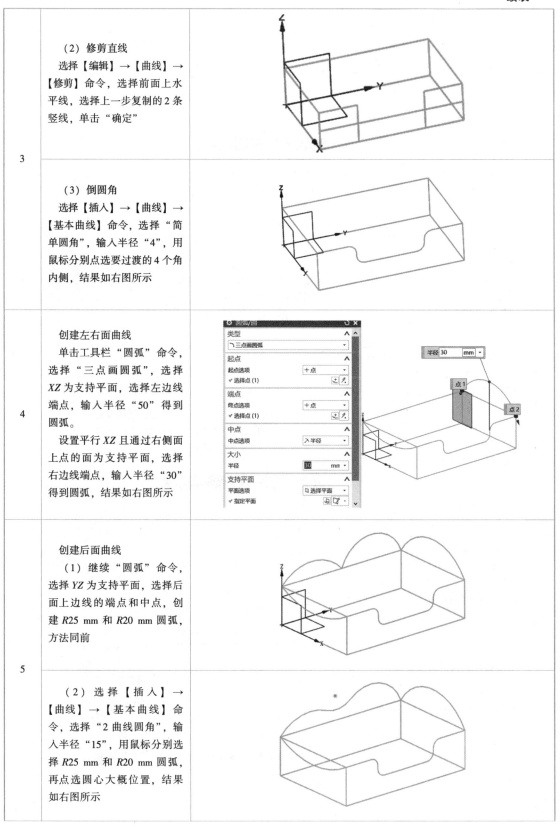

3	（2）修剪直线 选择【编辑】→【曲线】→【修剪】命令，选择前面上水平线，选择上一步复制的 2 条竖线，单击"确定"	
	（3）倒圆角 选择【插入】→【曲线】→【基本曲线】命令，选择"简单圆角"，输入半径"4"，用鼠标分别点选要过渡的 4 个角内侧，结果如右图所示	
4	创建左右面曲线 单击工具栏"圆弧"命令，选择"三点画圆弧"，选择 *XZ* 为支持平面，选择左边线端点，输入半径"50"得到圆弧。 设置平行 *XZ* 且通过右侧面上点的面为支持平面，选择右边线端点，输入半径"30"得到圆弧，结果如右图所示	
5	创建后面曲线 （1）继续"圆弧"命令，选择 *YZ* 为支持平面，选择后面上边线的端点和中点，创建 *R*25 mm 和 *R*20 mm 圆弧，方法同前	
	（2）选择【插入】→【曲线】→【基本曲线】命令，选择"2 曲线圆角"，输入半径"15"，用鼠标分别选择 *R*25 mm 和 *R*20 mm 圆弧，再点选圆心大概位置，结果如右图所示	

6	创前、后面曲线为样条线 单击【插入】→【派生曲线】→【连结】选项，打开"连结曲线"对话框，点选要前面的曲线，单击"应用"得到一条样条线；同样的方法得到后面的一条样条线	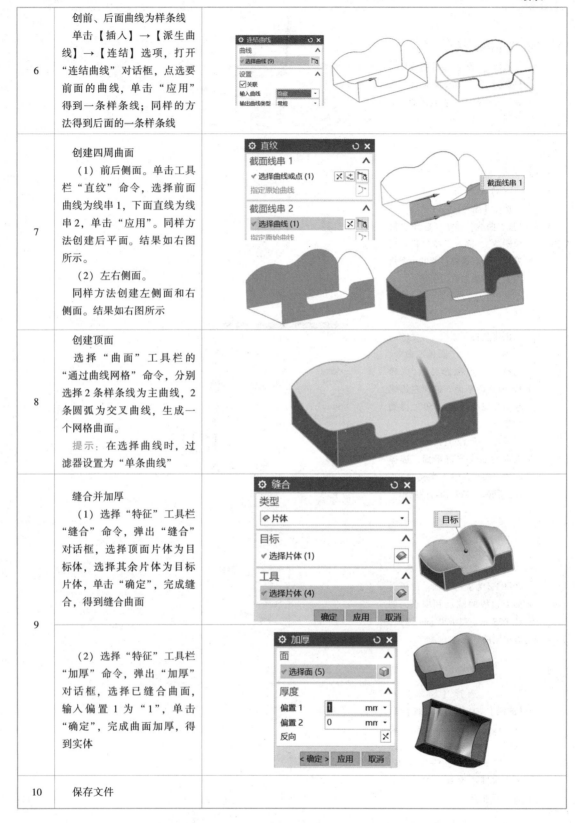
7	创建四周曲面 （1）前后侧面。单击工具栏"直纹"命令，选择前面曲线为线串1，下面直线为线串2，单击"应用"。同样方法创建后平面。结果如右图所示。 （2）左右侧面。 同样方法创建左侧面和右侧面。结果如右图所示	
8	创建顶面 选择"曲面"工具栏的"通过曲线网格"命令，分别选择2条样条线为主曲线，2条圆弧为交叉曲线，生成一个网格曲面。 提示：在选择曲线时，过滤器设置为"单条曲线"	
9	缝合并加厚 （1）选择"特征"工具栏"缝合"命令，弹出"缝合"对话框，选择顶面片体为目标体，选择其余片体为目标片体，单击"确定"，完成缝合，得到缝合曲面	
	（2）选择"特征"工具栏"加厚"命令，弹出"加厚"对话框，选择已缝合曲面，输入偏置1为"1"，单击"确定"，完成曲面加厚，得到实体	
10	保存文件	

1. 矩形的绘制

单击【插入】→【曲线】→【矩形】选项或工具栏中图标，打开"矩形"对话框。创建矩形的方法为"指定两点画矩形"。在对话框 X、Y 值对应位置分别输入矩形的两个对角点的坐标值（或在绘图区用鼠标拾取两个对角点），单击【确定】按钮，完成矩形的创建，如图 3-26 所示。

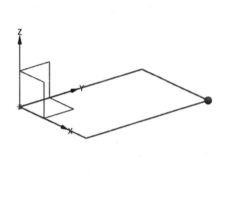

图 3-26 "矩形"对话框与操作

2. 基本曲线

单击【插入】→【曲线】→【基本曲线】选项或工具栏图标，打开"基本曲线"对话框和跟踪条，如图 3-27 所示。在该对话框中包括了直线、圆弧、圆和圆角以及修剪、编辑曲线参数等六个工具按钮。下面主要介绍直线和圆角功能。

1）直线

在 UG NX 中，直线一般是指通过两点构造的线段。其在空间中的位置由它经过的空间一点，以及它的一个方向向量来确定。它作为一种基本的构造图元，在空间中无处不在。两个平面相交时可以产生一条直线，通过带有棱角实体模型的边线也可以产生一条直线。

对话框中各选项基本含义如下：

【无界】选中该选项，则所创建的直线是无限长的即达到视图的边界，该选项不能与【线串模式】和【增量】模式同时使用。

【增量】通过设置相对于起始点的 XC、YC、ZC 方向增量来确定终点，设置增量时需要先按 Tab 键激活"跟踪条"，然后输入坐标值。输入完毕按回车键确认。

【点方法】点下拉列表中提供选择点和创建点的多种构建方式。

【线串模式】选择该项，可以画连续线。单击【打断线串】或单击中键可以终止连续画线模式。

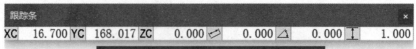

图 3-27　"基本曲线"对话框和跟踪条

【锁定模式】指定直线的起点后，选择另一条直线（不能选在控制点），只能创建与所选直线平行、垂直或持一定角度的直线，通过鼠标移动可以在三种模式中轮流切换，在某一模式下，按中键或单击【锁定模式】按钮就可以锁定该模式。

【平行于】指定直线起点后，单击【平行于】组中的 XC、YC、ZC 按钮，皆可以创建一条平行于三根坐标轴的直线。

【按给定距离平行】创建与指定直线平行的直线，其中"原始的"表示只对原始的直线进行偏置。"新建"表示每次偏置都是以最新生成的偏置线为基准。

【角度增量】指以一定角度增量创建直线，例如：如角度增量设置为 90°，则直线的斜角只能是 0°、90°、180°、270°。

2）圆角

圆角就是利用圆弧在两个相邻边之间形成的圆弧过渡，产生的圆弧相切于相邻的两条边。圆角在机械设计中的应用非常广泛，它不仅满足了生产工艺的要求，而且还可以防止零件应力过于集中损害零件，延长零件的使用寿命。

在"基本曲线"对话框中，单击图标 ⌐，切换至"曲线倒圆"对话框，如图 3-28 所示。系统提供以下三种倒圆角方式：简单圆角、两曲线圆角、三曲线圆角。

（1）简单圆角。

简单圆角用于共面但不平行的两直线间的圆角操作。操作步骤如下：

①在"曲线倒圆"对话框中，单击按钮 ⌐。

②在【半径】文本框中输入圆角半径值，其余为默认选项。

③在两条曲线将要制作圆角处，单击鼠标左键确定圆心的大致位置，即可完成圆角制作，如图 3-29 所示。

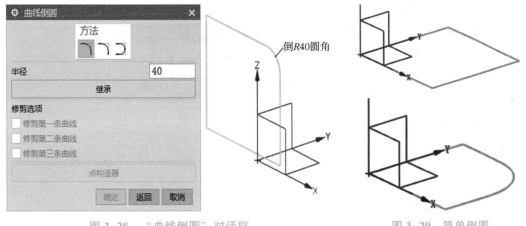

图 3-28　"曲线倒圆"对话框　　　　　　　　图 3-29　简单倒圆

（2）两曲线圆角。

与简单圆角类似，区别是两条线可以修剪也可以不修剪，而简单圆角是自动修剪。操作步骤如下：

①在"曲线倒圆"对话框中，单击按钮 ⌐。

②在【半径】文本框中输入圆角半径值，其余为默认选项。

③依次选取第 1 条曲线和第 2 条曲线，然后单击以确定圆心的大致位置，如图 3-30 所示。

3）三曲线圆角

三曲线圆角是指同一平面上的任意相交的三条曲线之间的圆角操作（三条曲线交于一点的情况除外）。操作步骤如下：

（1）在"曲线倒圆"对话框中，单击按钮 ⊃。

（2）依次选取 3 条曲线，然后单击鼠标确定圆角圆心的大致位置，如图 3-31 所示。

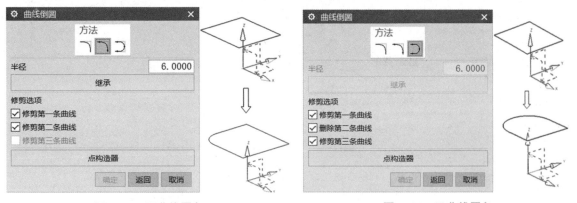

图 3-30　两曲线圆角　　　　　　　　　　图 3-31　三曲线圆角

3. 连结曲线

连结曲线是将多段相连的曲线连接在一起，以创建单个样条曲线。

单击【插入】→【派生曲线】→【连结】选项，打开"连结曲线"对话框，点选要连接的曲线，单击【确定】按钮，系统弹出"连结曲线产生了拐角。您要继续吗？"，单击

【是】按钮，完成曲线的连接，如图 3-32 所示。

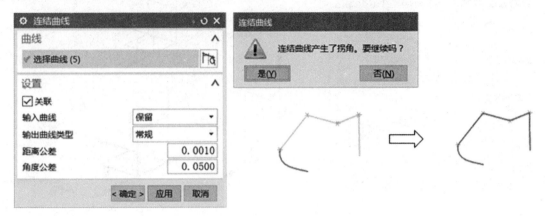

图 3-32　曲线连结

4. 投影曲线

投影曲线是指将曲线投影到指定的面上，如曲面、平面和基准面等。

操作步骤：单击【插入】→【派生曲线】→【投影】选项，弹出"投影曲线"对话框。首先选择需要投影的曲线，单击鼠标中键确认，再选取曲面以进行投影，最后单击"确定"或者鼠标中键完成投影，如图 3-33 所示。

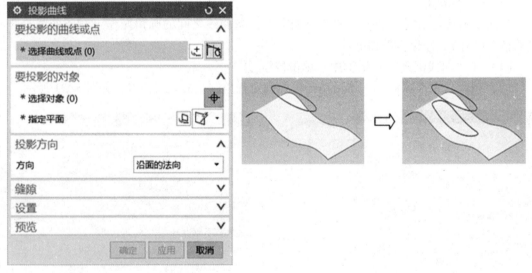

图 3-33　"投影曲线"对话框

5. 镜像曲线

镜像曲线是指通过面或基准面将几何图素对称复制的操作。

操作步骤：单击【插入】→【派生曲线】→【镜像】或在"曲线"工具条中单击"镜像曲线"按钮，弹出"镜像曲线"对话框，如图 3-34 所示，首先选择需要镜像的曲线，单击鼠标中键确认，再选择镜像平面或基准面，单击鼠标中键确认，即完成镜像曲线，如图 3-34 所示。

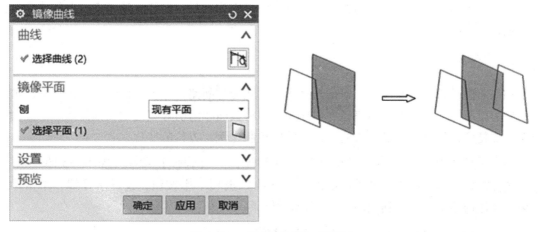

图 3-34　"镜像曲线"对话框

6. 通过曲线网格曲面

曲线网格方法是使用两个方向的曲线来构造曲面。其中，一个方向的曲线称为主曲线，另一个方向的曲线称为交叉曲线。由于是两个方向的曲线，构造的曲面不能保证完全过两个方向的曲线，因此用户可以强调以哪个方向为主，曲面将通过主方向的曲线，而另一个方向的曲线则不一定落在曲面上，可能存在一定的误差。

单击工具栏图标 ，或选择【插入】→【网格曲面】→【通过曲线网格】选项，弹出"通过曲线网格"对话框；选择一条主曲线后，单击鼠标中键，该曲线一端出现箭头；依次选择其他的主曲线（注意每条主曲线的箭头方向应一致）。选择交叉曲线：在"交叉曲线"选项组中单击"选择曲线"，选择另一方向的曲线为交叉曲线，每选择完一条交叉曲线后，单击鼠标中键，然后选择其他交叉曲线，全部选完交叉曲线后，然后单击【确定】按钮，曲面如图 3-35 所示。

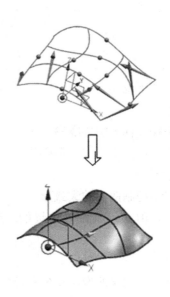

图 3-35　"通过曲线网格"对话框

提示：当曲面由三条曲线边构造时，可以将点作为一条主曲线，通过点的曲线作为交叉曲线创建网格曲面。

7. 扫掠

扫掠曲面是通过将曲线轮廓以预先描述的方式沿空间路径移动来创建曲面，移动的曲线轮廓称为截面线，指定的移动路径为引导线，即将截面线沿引导线运动扫描而成。它是曲面类型中最复杂、最灵活、最强大的一种，可以控制比例、方位的变化。

单击工具栏图标🔷或选择【插入】→【扫掠】→【扫掠】选项，弹出"扫掠"对话框，选择截面线，单击中键结束；单击"引导线"选项卡中按钮，选择引导线，单击中键结束，其他选项默认，得到如图3-36所示的结果。

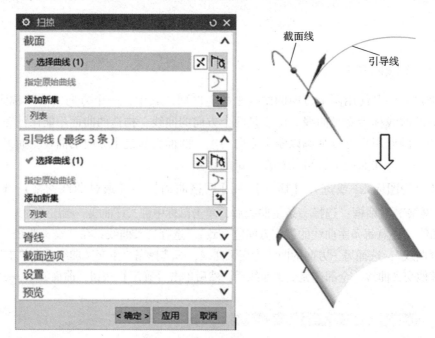

图 3-36 "扫掠" 对话框

对话框选项说明：

1）引导线

扫掠路径又称为引导线串，用于在扫掠方向上控制扫掠体的方位和比制，每条引导线可以由单段或多段曲线组成，但必须是光滑连续的。引导线的条数可以为1~3条。

2）截面线

截面线串控制曲面的大致形状和 U 向方位，它可以由单条或多条曲线组成，截面线不必是光滑的，但必须是位置连续的。截面线和引导线可以不相交，截面线最多可以选择400条。

3）脊线

脊线多用于两条非常不均匀参数的曲线间的直纹曲面创建，此时直纹方向很难确定，它的作用主要是控制扫掠曲面的方位、形状。在扫掠过程中，在脊线的每个点处构造的平面为截面平面，它垂直于脊线在该点处的切线。

4）方位控制——用于一条引导线

截面线沿引导线运动时，一条引导线不能完全确定截面线在扫掠过程中的方位，需要指定约束条件来进行控制，如图 3-37 所示。

（1）固定：当截面线运动时，截面线保持一个固定方位。

（2）面的法向：截面线串沿引导线串扫掠时的局部坐标系的 Y 方向与所选择的面法向相同。

（3）矢量方向：扫掠时，截面线串变化的局部坐标系的 Y 方向与所选矢量方向相同，使用者必须定义一个矢量方向，而且此矢量决不能与引导线串相切。

（4）另一曲线：用另一条曲线或实（片）体的边来控制截面线串的方位。扫掠时截面线串变化的局部坐标系的 Y 方向由引导线与另一条曲线各对应点之间的连线的方向来控制。

（5）一个点：仅适用于创建三边扫掠体的情况，这时截面线串的一个端点占据一个固定位置，另一个端点沿引导线串滑行。

（6）角度规律：有 7 种控制方式，如图 3-38 所示。

（7）强制方向：将截面线所在平面始终固定为一个方位。

5）缩放方法——用于一条引导线

用于控制截面线沿引导线运动时的比例变化，UG NX 提供的比例控制功能如下：

（1）恒定：常数比例，截面线先相对于引导线的起始点进行缩放，然后，在沿引导线运动过程中，比例保持不变，默认比例值为 1。

（2）倒圆功能：圆角过渡比例，在扫掠的起点和终点处施加一个比例，介于二者之间的部分的缩放比例是按照线性或三次插值变化规律进行缩放控制。

（3）另一曲线：类似于方位控制中的另一条曲线。

图 3-37　定位方向控制类型

图 3-38　角度规律类型

（4）一个点：与另一条曲线方法类似。

（5）面积规律：截面曲线围成的面积在沿引导线运动过程中用规律曲线控制大小的

方法。

（6）周长规律：截面曲线的周长在沿引导线运动过程中用规律曲线控制长短的方法。

8. 曲面加厚

单击图标 或选择【插入】→【偏置/缩放】→【加厚】选项，弹出"加厚"对话框，点选要加厚的曲面，在"厚度"栏中，偏置 1 和偏置 2 中输入相应的值（注意：偏置值不能大于曲面的曲率半径），单击【确定】按钮，得到如图 3-39 所示的结果。

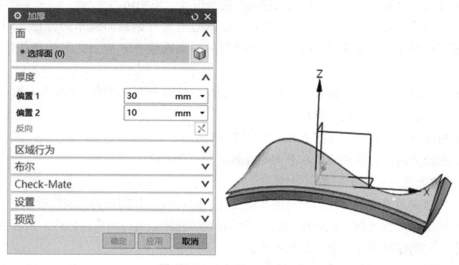

图 3-39 "加厚"对话框

任务延拓

自主完成如图 3-40 和图 3-41 所示两个课后延拓任务，练习零件线架、曲面和实体的创建。

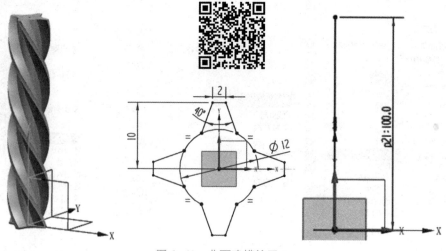

图 3-40 曲面建模练习 3

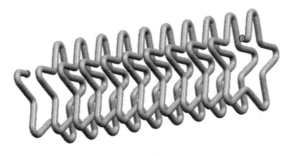

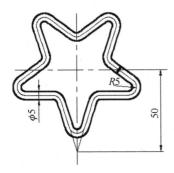

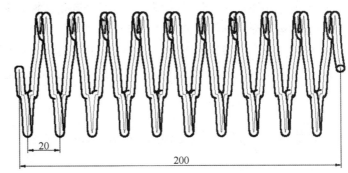

图 3-41　曲面建模练习 4

根据任务完成情况，填写任务实施评价表 3-4。

表 3-4　任务实施评价表

任务名称			异形壳体零件的造型		
班级			姓名		
地点			日期		
第___小组成员					
序号	评价内容	分值	自评 （25%）	小组评价 （25%）	教师评价 （50%）
1	学习态度	5			
2	课前尝试任务完成度	15			
3	课中工作任务完成度	30			
4	课后延拓任务完成度	25			
5	任务实施方案的多样性	10			
6	完成的速度	5			
7	小组合作与分工	5			
8	学习成果展示与问题回答	5			
总分		100	合计：		
问题记录和 解决方法	实施中出现的问题和采取的解决方法				

任务目标

1. 掌握通过曲线组、拔模、变半径倒圆角、抽壳命令的应用。
2. 掌握薄壳件的造型方法。
3. 能够运用通过曲线组、拔模、变半径倒圆角、抽壳命令创建曲面与特征。
4. 能够运用交错阵列、修剪体、抽壳、变半径圆角等特征工具完成笔筒零件造型。
5. 通过曲面三维模型的创建，培养学生看懂较为复杂零件工程图的能力。
6. 通过学生自主完成学习任务，培养其分析与解决问题的能力。

工作任务

根据如图 3-42 所示笔筒零件图，完成零件的三维造型。

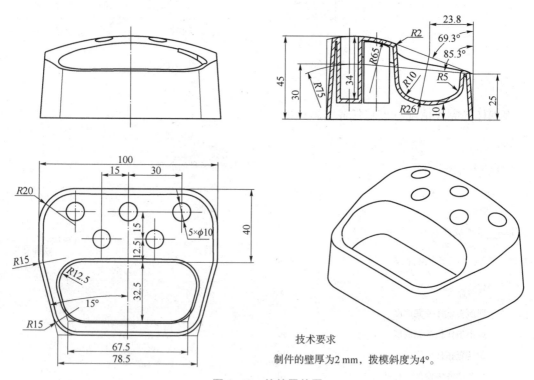

技术要求

制件的壁厚为 2 mm，拔模斜度为 4°。

图 3-42 笔筒零件图

任务分析

笔筒零件图样如图 3-42 所示，是壁厚均匀的塑料件，有通过曲线组形成的上表面、排列均匀的孔、表面光滑的腔、变半径圆角、拔模和抽壳等结构。可以通过拉伸实体、拉伸曲面、通过曲线组曲面、孔、拔模、修剪体、抽壳等命令完成零件建模。

在完成笔筒零件造型任务之前，先自主完成如图 3-43 所示课前尝试任务。可参考建模流程及二维码链接的视频边学边练。

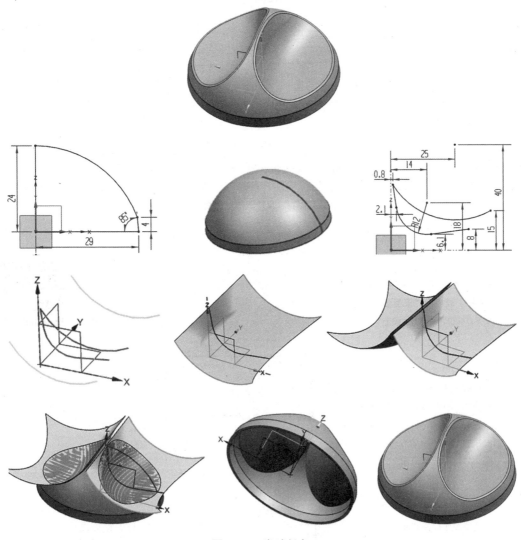

图 3-43　尝试任务 3

笔筒零件建模流程如图 3-44 所示。

建议：先自主完成课前尝试任务，再参考表 3-5 的建模实施过程，完成笔筒零件建模工作任务，并思考还有其他建模方法吗？

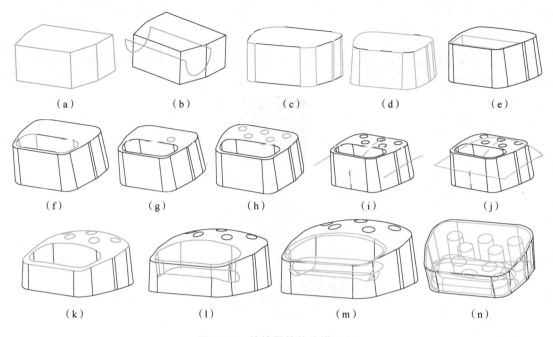

图 3-44　笔筒零件的建模流程

（a）创建笔筒主体；（b）拉伸腔底曲面；（c）倒圆角 *R*15 mm 和 *R*20 mm；（d）侧面拔模；（e）创建凹槽；

（f）凹槽侧面倒圆角 *R*12.5 mm；（g）创建孔；（h）阵列孔；（i）绘制曲线；（j）创建曲面；（k）修剪实体；

（l）凹槽底面倒圆角；（m）凹槽口倒圆角；（n）抽壳

表 3-5　笔筒零件建模的实施过程

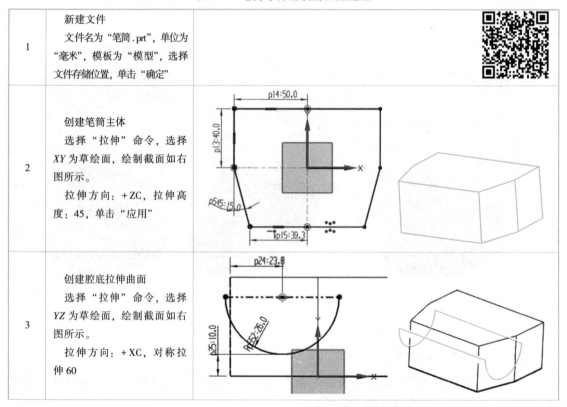

1	新建文件 　　文件名为"笔筒.prt"，单位为"毫米"，模板为"模型"，选择文件存储位置，单击"确定"	
2	创建笔筒主体 　　选择"拉伸"命令，选择 XY 为草绘面，绘制截面如右图所示。 　　拉伸方向：+ZC，拉伸高度：45，单击"应用"	
3	创建腔底拉伸曲面 　　选择"拉伸"命令，选择 YZ 为草绘面，绘制截面如右图所示。 　　拉伸方向：+XC，对称拉伸 60	

4	倒圆角 2 处 R20 mm 和 4 处 R15 mm	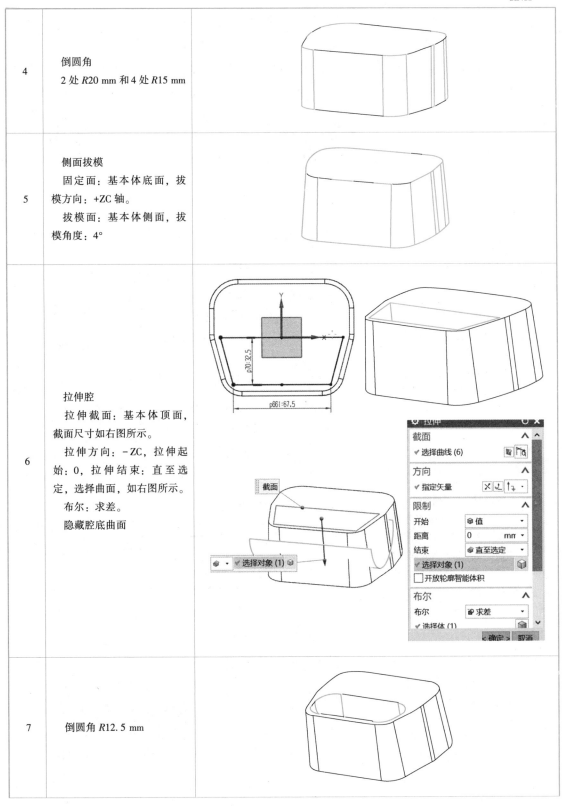
5	侧面拔模 　固定面：基本体底面，拔模方向：+ZC 轴。 　拔模面：基本体侧面，拔模角度：4°	
6	拉伸腔 　拉伸截面：基本体顶面，截面尺寸如右图所示。 　拉伸方向：−ZC，拉伸起始：0，拉伸结束：直至选定，选择曲面，如右图所示。 　布尔：求差。 　隐藏腔底曲面	
7	倒圆角 R12.5 mm	

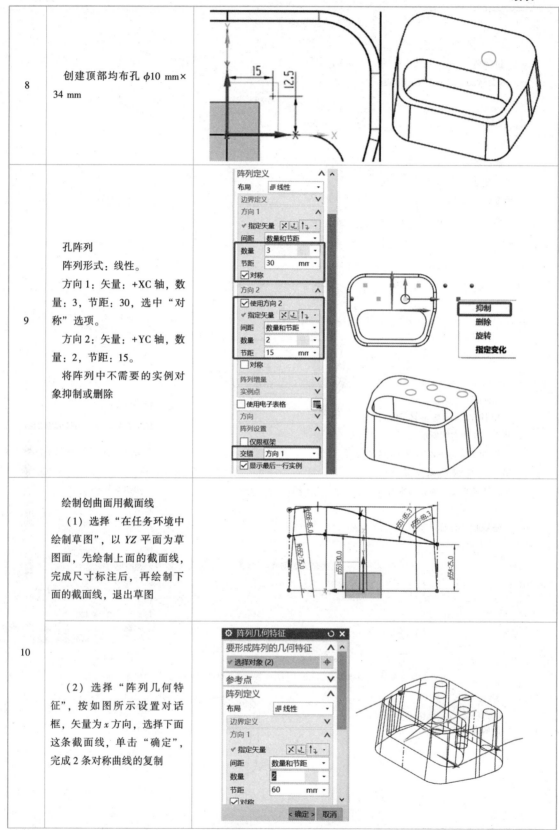

8	创建顶部均布孔 $\phi 10$ mm× 34 mm	
9	孔阵列 阵列形式：线性。 方向 1：矢量：+XC 轴，数量：3，节距：30，选中"对称"选项。 方向 2：矢量：+YC 轴，数量：2，节距：15。 将阵列中不需要的实例对象抑制或删除	
10	绘制创曲面用截面线 （1）选择"在任务环境中绘制草图"，以 YZ 平面为草图面，先绘制上面的截面线，完成尺寸标注后，再绘制下面的截面线，退出草图 （2）选择"阵列几何特征"，按如图所示设置对话框，矢量为 x 方向，选择下面这条截面线，单击"确定"，完成 2 条对称曲线的复制	

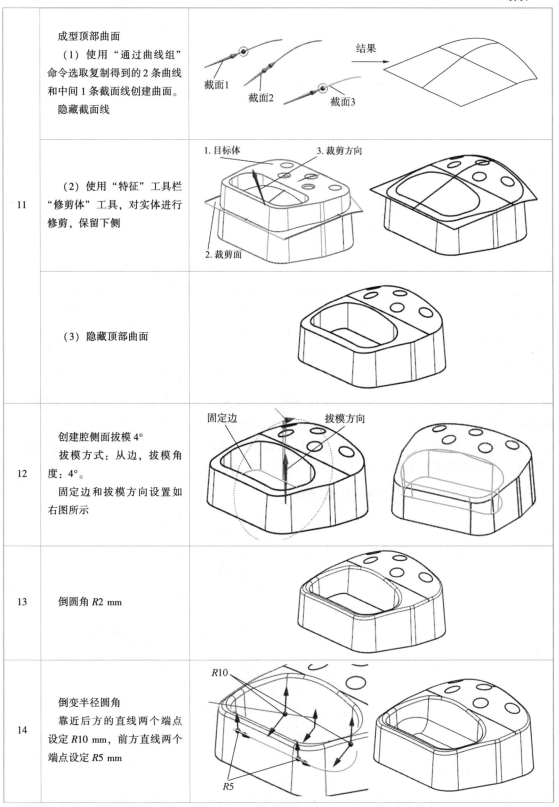

	成型顶部曲面 （1）使用"通过曲线组"命令选取复制得到的2条曲线和中间1条截面线创建曲面。 隐藏截面线	截面1　截面2　截面3　结果
11	（2）使用"特征"工具栏"修剪体"工具，对实体进行修剪，保留下侧	1.目标体　3.裁剪方向 2.裁剪面
	（3）隐藏顶部曲面	
12	创建腔侧面拔模4° 拔模方式：从边，拔模角度：4°。 固定边和拔模方向设置如右图所示	固定边　拔模方向
13	倒圆角 R2 mm	
14	倒变半径圆角 靠近后方的直线两个端点设定 R10 mm，前方直线两个端点设定 R5 mm	R10　R5

15	抽壳，厚度 2 mm 使用"特征"工具栏"抽壳"工具创建抽壳特征。 抽壳类型：移除面，然后抽壳。 要穿透的面：选择模型底面。 抽壳厚度：2 mm	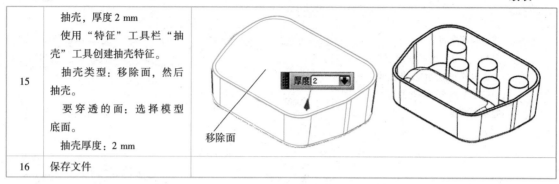
16	保存文件	

知识准备

1. 通过曲线组曲面

通过曲线组特征使用多组截面线串按照一定的连接方式生成片体或实体，可以定义第一截面线串和最后截面线串与现有曲面的约束关系，使生成的曲面与原有曲面圆滑过渡。与直纹面不同的是前面只使用两条截面线串，并且两条截面线串之间总是线性连接，而后者允许使用高达 150 条的截面线串。

单击工具栏"通过曲线组"图标 或单击【插入】→【网格曲面】→【通过曲线组】选项，弹出"通过曲线组"对话框。依次选择每一条曲线（每选完一个曲线串，单击鼠标中键，该曲线一端出现箭头，应当注意各曲线箭头方向一致），完成所有曲线选择；在"对齐"选项组中选择"参数"对齐方式；在"设置"选项组中确定 V 向阶次（建议输入"3"）；单击【确定】按钮，得到如图 3-45 所示曲面。

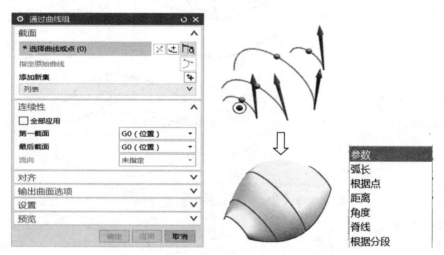

图 3-45 "通过曲线组"创建曲面和"对齐"选项组

"对齐方式"简要说明。

（1）弧长：通过两组截面线和等参数曲线建立连接点，这些连接点在截面线上的分布和间隔方式是根据等弧长的方式建立。

（2）距离：以指定的方向，沿曲线以等距离间隔分布点。

（3）角度：绕一根指定轴线，沿曲线以等角度间隔分布点。

（4）脊线：沿指定的脊线与等距离间隔建立连接点，曲面的长度受脊线限制。

提示：如果选择的第 1 条线和最后 1 条线恰好是另外两个曲面的边界，而且该曲面与另外两个曲面在边界又有连续条件，可在"连续性"选项组中确定起始与结束的连续方式（其中 G0 为无约束，G2 为相切，G3 为曲率连续）。分别选择与之有约束的第一曲面和最后一个面，就能够控制在曲面拼接处的 V 方向为相切连续或曲率连续。

2. 抽壳

抽壳特征可以将实体的内部挖空，形成带壁厚的实体。选择菜单项【插入】→【偏置/缩放】→【抽壳】或者单击工具栏图标按钮![icon]，系统将打开"抽壳"对话框，如图 3-46 所示。在对话框中可选择"移除面，然后抽壳"和"对所有面抽壳"两种形式，如图 3-47 所示。

图 3-46 "抽壳"对话框

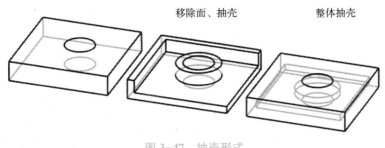

图 3-47 抽壳形式

对话框中还有备选厚度选项。在需要创建各面上抽壳厚度不一致的情况下，可以使用备选厚度。举例说明该用法。

（1）创建长方体 100 mm×100 mm×20 mm，并在中间创建 φ30 mm 孔，如图 3-48（a）所示。

（2）选择抽壳命令，对话框中选择类型"移除面，然后抽壳"，选择如图 3-48（b）所示 3 个面为移除面。

（3）"厚度"输入"5"；展开"备选厚度"，单击"选择面"，选择左侧面，厚度 1 输入"10"，按鼠标中键确定；再选择右侧面，厚度 2 输入"15"。

（4）单击"确定"，结果如图 3-48（c）所示。

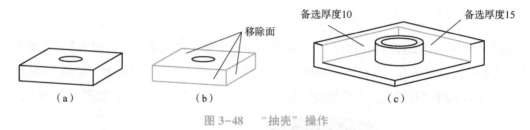

图 3-48　"抽壳"操作

提示：如果抽壳的厚度大于在抽壳厚度方向的圆角半径或曲面局部曲率半径，会导致抽壳失败。这时需要重新调整圆角半径、曲面或抽壳厚度才能抽壳成功。

3. 拔模

拔模用以将实体或曲面表面沿拔模枢轴旋转一定的拔模角度。UG NX 中，拔模角度可以是 +90°至 -90°。在拔模特征的创建过程中需要指定固定面（或固定边）、拔模面、拔模方向和拔模角度。

单击主菜单【插入】→【细节特征】→【拔模】或者单击工具栏图标按钮，系统弹出如图 3-49 所示"拔模"对话框。拔模类型有四种：从平面或曲面、从边、与多个面相切和至分型边。

图 3-49　"拔模"对话框

1）从平面或曲面拔模

从平面或曲面拔模是以选择的固定面和拔模面的交线为旋转枢轴，旋转拔模面形成拔模角度。

以边长为 100 mm 的立方体举例说明：在系统弹出"拔模"对话框中，类型选"从平面或曲面"，指定矢量方向为 Z 轴，固定平面点选上表面，拔模面点选左侧面，输入拔模角度30，单击"应用"按钮，结果如图 3-50 所示。

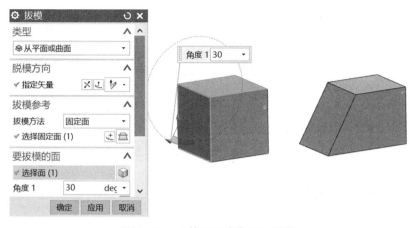

图 3-50　"从平面或曲面"拔模

2）从边拔模

从边拔模是以选定的边为旋转枢轴，旋转拔模面形成拔模角度。

以边长为 100 mm 的立方体举例说明：在系统弹出拔模对话框中，类型选"边"，指定脱模矢量方向为 Z 轴，固定平面点选上面前边，拔模面点选前面，输入拔模角度 20，单击"应用"按钮，结果如图 3-51 所示。

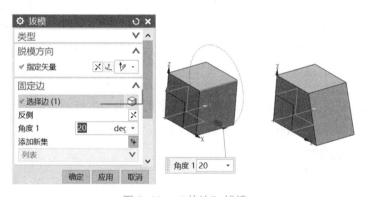

图 3-51　"从边"拔模

3）与多个面相切拔模

与多个面相切拔模的拔模面始终与以前的相切面保持相切关系。

以边长为 100 mm 上表面完全倒圆角的立方体举例说明：在系统弹出拔模对话框中，类型选"与多个面相切"。指定矢量方向为 Z 轴，点选相切面的 3 个面，输入拔模角度 10，单击"应用"按钮，结果如图 3-52 所示。

4）至分型边拔模

以选择的固定面和拔模面的交线为旋转枢轴，对拔模面从分型线向着拔模方向的一侧产生拔膜角度。以边长为 100 mm 的立方体举例说明：在系统弹出拔模对话框中，类型选"至分型边"，指定脱模矢量方向为 Z 轴，固定平面点选基准平面，分型边选上面前边，输入拔模角度 20，单击"应用"按钮，结果如图 3-53 所示。

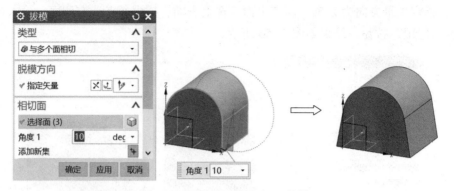

图 3-52 "与多个面相切"拔模

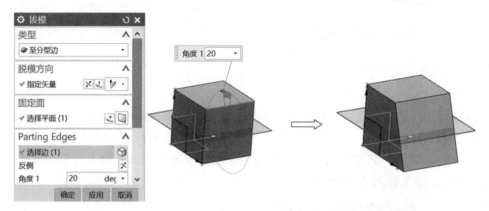

图 3-53 "至分型边"拔模

4. 边倒圆—变半径圆角

使用边倒圆特征可以创建变半径圆角。下面举例说明变半径圆角的创建过程：

创建长方体 100 mm×100 mm×40 mm，选择"边倒圆"命令 ，激活对话框。按图 3-54 所示步骤进行操作。

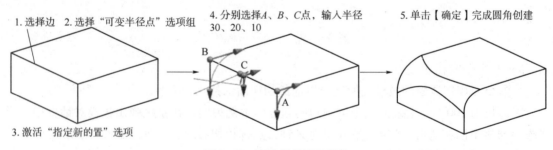

图 3-54 变半径倒圆角操作

任务延拓

自主完成如图 3-55 和图 3-56 所示两个课后延拓任务，练习零件实体建模。

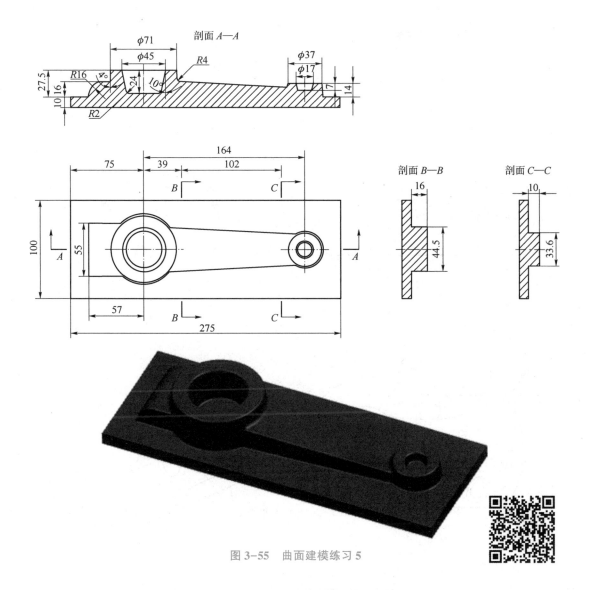

图 3-55　曲面建模练习 5

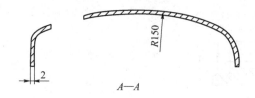

$A-A$

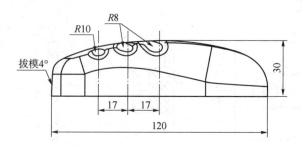

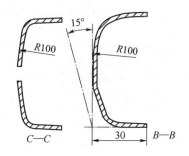

$C-C$ $B-B$

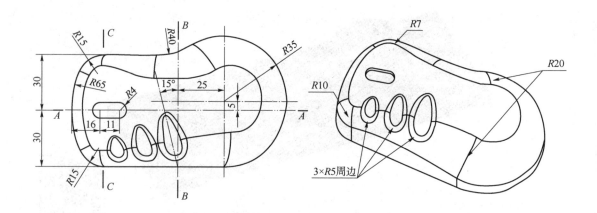

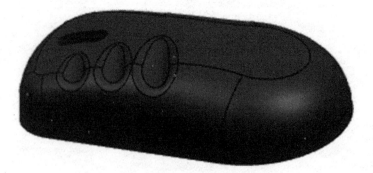

3×R5周边

图 3-56　曲面建模练习 6

根据任务完成情况，填写任务实施评价表 3-6。

表 3-6　任务实施评价表

任务名称		笔筒零件的造型			
班级			姓名		
地点			日期		
第___小组成员					
序号	评价内容	分值	自评 （25%）	小组评价 （25%）	教师评价 （50%）
1	学习态度	5			
2	课前尝试任务完成度	15			
3	课中工作任务完成度	30			
4	课后延拓任务完成度	25			
5	任务实施方案的多样性	10			
6	完成的速度	5			
7	小组合作与分工	5			
8	学习成果展示与问题回答	5			
总分		100	合计：		
问题记录和 解决方法	实施中出现的问题和采取的解决方法				

任务 3.4　排球的造型

任务目标

1. 掌握分割曲线、移动对象、曲面加厚、镜像特征、变换、显示颜色等工具使用。

2. 掌握网格曲面的造型方法。

3. 能够运用曲线命令创建三维线架。

4. 能够运用移动对象、网格曲面、加厚、镜像特征、变换、显示颜色等特征工具完成零件造型。

5. 通过曲面三维模型的创建，培养学生看懂较为复杂零件工程图的能力。

6. 通过学生自主完成学习任务，培养其分析与解决问题的能力。

根据如图 3-57 所示排球图样，完成排球的三维造型。

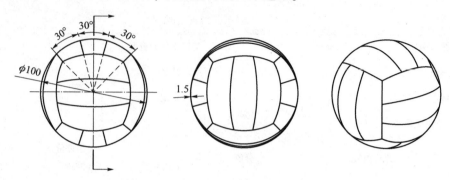

图 3-57　排球图样

任务分析

通过排球图样分析可知，排球主要由 3 个成一组的实体，通过变换复制得到整体。其中每个实体由曲面加厚得到，曲面可以通过网格曲面或扫掠曲面工具。注意设置曲面间的相切关系，最后使用移动、镜像命令完成零件建模。

任务尝试

在完成排球产品造型任务之前，先自主完成如图 3-58 所示课前尝试任务。可参考二维码链接的视频边学边练。

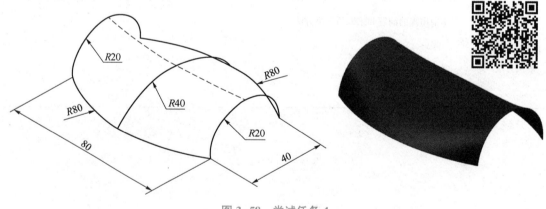

图 3-58　尝试任务 4

任务实施

排球建模流程如图 3-59 所示。

建议：先自主完成课前尝试任务，再参考表 3-7 的建模实施过程，完成排球建模工作任务。

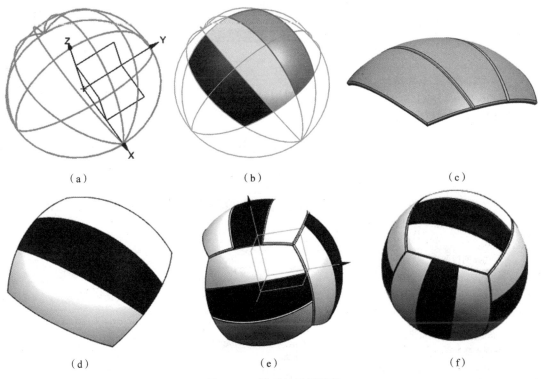

（a）　　　　　　　　　　　　（b）　　　　　　　　　　　　（c）

（d）　　　　　　　　　　　　（e）　　　　　　　　　　　　（f）

图 3-59　排球的建模流程

（a）创建线架；（b）创建三张曲面；（c）加厚曲面并倒圆角；（d）改变颜色；（e）移动复制；（f）镜像复制

表 3-7　排球建模的实施过程

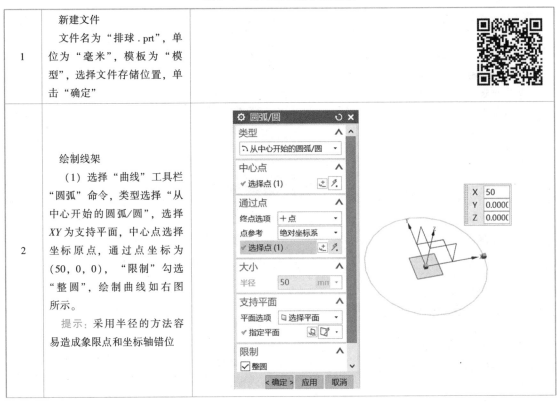

| 1 | 新建文件
文件名为"排球.prt"，单位为"毫米"，模板为"模型"，选择文件存储位置，单击"确定" | |
| 2 | 绘制线架
（1）选择"曲线"工具栏"圆弧"命令，类型选择"从中心开始的圆弧/圆"，选择 *XY* 为支持平面，中心点选择坐标原点，通过点坐标为（50，0，0），"限制"勾选"整圆"，绘制曲线如右图所示。
提示：采用半径的方法容易造成象限点和坐标轴错位 | |

	（2）选择【编辑】→【曲线】→【分割】命令，选择上一步绘制的圆，"段数"输入"4"，把圆等分4段		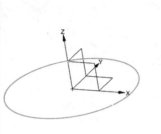
	（3）选择【编辑】→【移动对象】命令，对话框中设置： 选择两段圆弧； "运动"选择"角度"； "矢量"选择"Y轴"； 角度输入45； 点选"复制原先的""非关联副本数"为3。 单击"应用"，结果如右图所示		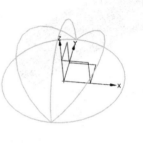
2	（4）继续在【移动对象】对话框中设置： 选择两段圆弧； "运动"选择"角度"； "矢量"选择"X轴"； 角度输入45； 点选"复制原先的""非关联副本数"为1； 单击"应用"，结果如右图所示		
	（5）继续在【移动对象】对话框中设置： 选择上一步得到的圆弧； "运动"选择"角度"； "矢量"选择"X轴"； 角度输入30； 点选"复制原先的""非关联副本数"为3； 单击"确定"，退出命令。 结果如右图所示		

3	创建一个单元的曲面 （1）选择"曲面"工具栏的"通过曲线网格"命令，分别选择3条主曲线和2条交叉曲线，创建一个曲面。 提示：在选择曲线时，过滤器设置为"单条曲线"，并选择"在交点处打断"	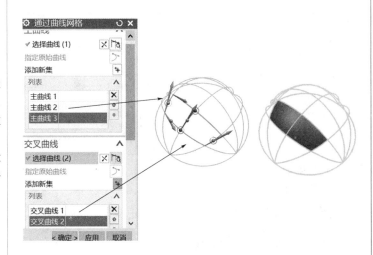
	（2）用同样的方法，在对称位置创建另一曲面	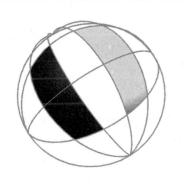
	（3）用同样的方法，创建中间曲面。 选择主曲线和交叉曲线。 "连续性"中，"第一交叉线串"选择G1，并选择与之相邻的曲面；"最后交叉线串"选择G1，并选择与之相邻的曲面；得到与相邻曲面相切的中间曲面，如右图所示	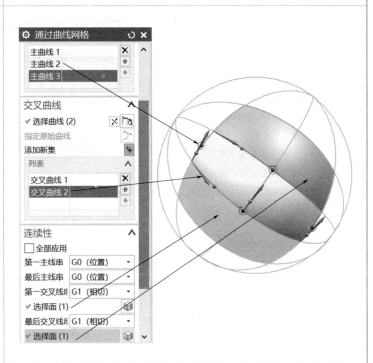

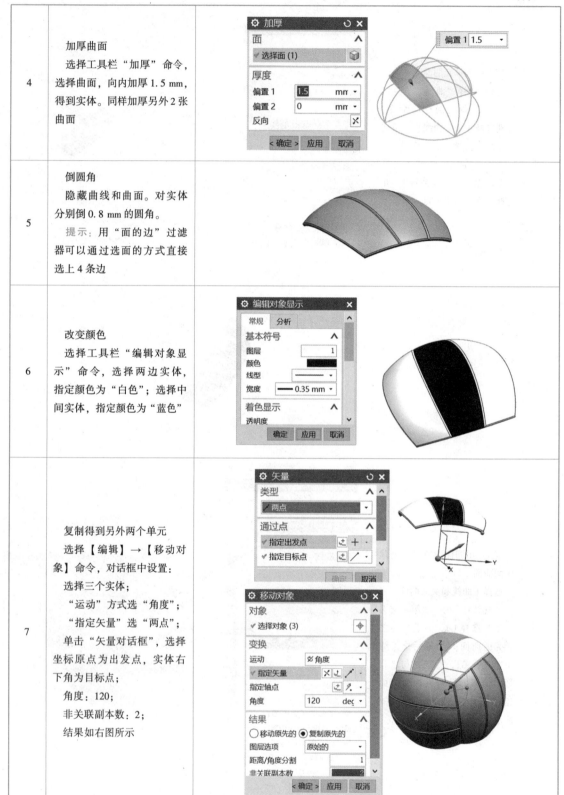

4	加厚曲面 选择工具栏"加厚"命令,选择曲面,向内加厚1.5 mm,得到实体。同样加厚另外2张曲面	
5	倒圆角 隐藏曲线和曲面。对实体分别倒0.8 mm的圆角。 提示:用"面的边"过滤器可以通过选面的方式直接选上4条边	
6	改变颜色 选择工具栏"编辑对象显示"命令,选择两边实体,指定颜色为"白色";选择中间实体,指定颜色为"蓝色"	
7	复制得到另外两个单元 选择【编辑】→【移动对象】命令,对话框中设置: 选择三个实体; "运动"方式选"角度"; "指定矢量"选"两点"; 单击"矢量对话框",选择坐标原点为出发点,实体右下角为目标点; 角度:120; 非关联副本数:2; 结果如右图所示	

	镜像得到排球 （1）选择【插入】→ 【关联复制】→【镜像特征】 命令，对话框中设置： 　选择图示左边 3 个实体； 　选择 XZ 为镜像平面； 　得到右边 3 个实体	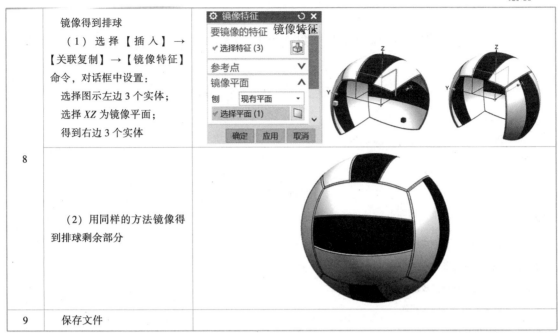
8	（2）用同样的方法镜像得 到排球剩余部分	
9	保存文件	

任务延拓

自主完成如图 3-60 和图 3-61 所示两个课后延拓任务，练习零件实体建模。

图 3-60　曲面建模练习 7

图 3-61　曲面建模练习 8

根据任务完成情况，填写任务实施评价表3-8。

表3-8 任务实施评价表

任务名称		排球的造型			
班级			姓名		
地点			日期		
第___小组成员					
序号	评价内容	分值	自评（25%）	小组评价（25%）	教师评价（50%）
1	学习态度	5			
2	课前尝试任务完成度	15			
3	课中工作任务完成度	30			
4	课后延拓任务完成度	25			
5	任务实施方案的多样性	10			
6	完成的速度	5			
7	小组合作与分工	5			
8	学习成果展示与问题回答	5			
总分		100	合计：		
问题记录和解决方法	实施中出现的问题和采取的解决方法				

项目小结

本项目深入浅出地介绍了 UG 软件曲线功能和曲面创建的操作知识。通过本项目的学习，应该掌握曲线绘制与编辑、曲面创建与编辑的方法。可以熟练使用"曲线工具"中：直线、圆、圆弧、矩形、多边形、椭圆、样条线等曲线创建命令，倒圆角、制作拐角、曲线修剪等曲线编辑命令，直纹、通过曲线组、通过网格曲线、扫掠、修剪片体、曲面加厚、曲面缝合等曲面操作命令。掌握三维线架的创建、曲面创建、缝合实体等知识。在任务实践方面，应注重通过范例来体会曲面图形的制作思路和步骤，学会举一反三。

项目考核

一、填空题

1. 利用_____命令，可以将一条或多条曲线按一定矢量平移一定距离。

2. 圆弧和圆是构建复杂几何曲线的基本图素之一，其创建方式有两种，分别是_____

_____、_____方法。

3. 分割曲线是将曲线分割成多个节段，各节段成为独立的操作对象。分割后原来的曲线参数_____。

4. 利用"圆弧｜圆"功能绘制整圆时，在"圆弧｜圆"对话框中，_____"整圆"选项，可以用三点画圆或给定中心画圆两种方法画整圆。

5. _____是严格通过两条截面线串而生成的直纹片体，它主要表现为在两个截面之间创建线性过渡的曲面。

6. _____工具可以将曲线按一定的距离向指定方向偏置复制出一条新的曲线，偏置对象为封闭的曲线元素则将曲线元素放大或缩小。

二、选择题

1. 绘制艺术样条曲线的类型方法有（　　）

A. 通过极点　　　　　　　　　　B. 通过点

C. 拟合曲线　　　　　　　　　　D. 与平面垂直

2. 下列四种建立曲面的命令中，可以设置边界约束的有（　　）。

A. 直纹　　　　　　　　　　　　B. 有界平面

C. 通过曲线网格　　　　　　　　D. 四点曲面

3. 可以将闭合的片体转化为实体，应采用下面的方法是（　　）。

A. 曲面缝合　　　　　　　　　　B. 修剪体

C. 补片　　　　　　　　　　　　D. 布尔运算—求和

4. 将一条已存在的曲线转换到一个曲面上去建立一新曲线，应采用下面的方法是（　　）。

A. 曲线连接　　　　　　　　　　B. 曲线修剪

C. 曲线分割　　　　　　　　　　D. 投影

5. 当创建一个直纹特征时，截面线串的数量最多是（　　）。

A. 3 条　　　　　　　　　　　　B. 2 条

C. 不限制　　　　　　　　　　　D. 比阶次多 1

三、判断题（错误的打×，正确的打√）

1. N 边曲面是由多个相连接的曲线而生成的曲面，而且相连接的各段曲线必须首尾相连形成封闭图形。　　　　　　　　　　　　　　　　　　　　（　　）

2. 有界平面是由在同一平面的封闭的曲线轮廓而生成的平面，曲线轮廓可以是一条曲线，也可以是多条曲线首尾相连的封闭轮廓。　　　　　　　　　　　　（　　）

3. 基本曲线对话框包括：直线、圆弧、圆和圆角以及修剪、编辑曲线参数六个工具按钮。
　　　　　　　　　　　　　　　　　　　　　　　　　　　　　　　　（　　）

4. 基本曲线中的圆角功能就是利用圆弧在两个相邻边之间形成的圆弧过渡，产生的圆弧相切于相邻的两条边。　　　　　　　　　　　　　　　　　　　（　　）

5. 利用曲线修剪功能修剪曲线，选择要修建的曲线时，应点选要保留的部位。（　　）

6. 利用投影曲线功能只能将曲线投影到指定的平面上。　　　　　　　（　　）

7. 曲线投影功能只能将曲线沿投影面的法线方向投影。　　　　　　　（　　）

四、问答题

1. 简述曲面创建的步骤。

2. 简述构造曲面的一般原则。

3. 简述扫掠曲面的含义。其引导线最多可以选几条？

五、上机操作题

完成如图 3-62 和图 3-63 所示的线架和曲面建模。

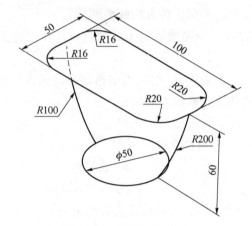

图 3-62　曲面建模练习 9

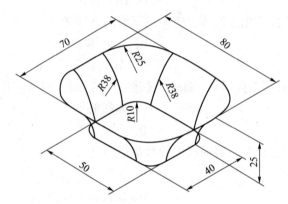

图 3-63　曲面建模练习 10

本项目对标"1+X"《机械产品三维模型设计职业技能等级标准》知识点

（1）高级能力要求 1.2.1 依据装配建模要求，能运用三维建模方法，构建各参与装配零件的模型。

（2）高级能力要求 1.2.2 根据装配模型结构特点与功能要求，能调用模型中主要零部件，确定装配基准件。

（3）中级能力要求 1.3.3 依据模型装配要求，能选择合适的装配约束，按顺序调用已完成设计的装配单元，正确装配机械部件模型。

装配是把零部件进行组织和定位形成产品的过程。UG NX 10.0 装配模块采用虚拟装配模式快速将零部件组合成产品，在装配中建立部件之间的链接关系，当零部件被修改后，则引用它的装配部件自动更新。

通过完成凸缘联轴器、单向阀装配任务，了解自下而上和自上而下的装配过程，掌握 UG NX 虚拟装配的工作流程。能够使用装配约束，完成部件的虚拟装配操作，学会爆炸图的操作、装配引用集的使用。

任务4.1　联轴器部件装配（自下而上装配）

任务目标

1. 掌握 UG NX 软件虚拟装配的方法及自下而上的装配过程。
2. 掌握添加部件、装配约束及约束编辑等操作。
3. 掌握重用库和部件阵列的使用、装配爆炸图的创建和编辑方法。
4. 能够应用三维 CAD 软件进行实体建模。
5. 能够使用装配条件进行部件装配、添加装配约束。
6. 能够完成部件的虚拟装配操作。
7. 通过联轴器部件装配案例，掌握机械部件自下而上装配的创建方法。
8. 通过学生自主完成学习任务，养成独立思考的习惯。

工作任务

根据如图 4-1 所示凸缘联轴器的装配平面图，完成部件的装配立体图（其中半联轴器 A 和 B 零件图如图 2-56 和图 2-57 所示）。

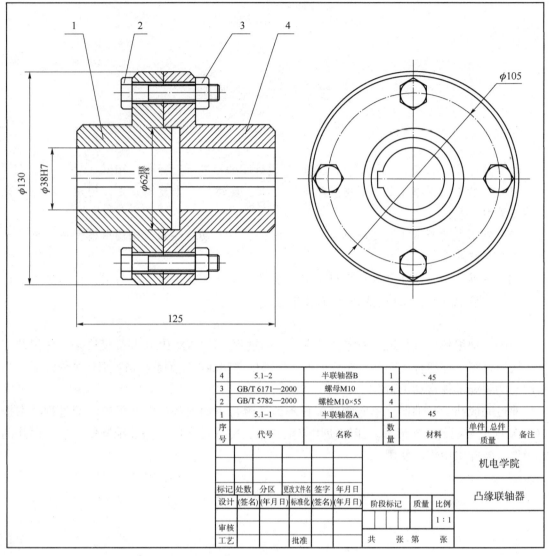

4	5.1-2	半联轴器B	1	45		
3	GB/T 6171—2000	螺母M10	4			
2	GB/T 5782—2000	螺栓M10×55	4			
1	5.1-1	半联轴器A	1	45		
序号	代号	名称	数量	材料	单件 总件 质量	备注

						机电学院	
标记	处数	分区	更改文件名	签字	年月日	凸缘联轴器	
设计	(签名)	(年月日)	标准化	(签名)	(年月日)	阶段标记 质量 比例	
							1:1
审核						共 张 第 张	
工艺			批准				

图 4-1　凸缘联轴器装配图

任务分析

凸缘联轴器属于刚性联轴器，是把两个带有凸缘的半联轴器用普通平键分别与两轴连接，然后用螺栓把两个半联轴器连成一体，以传递运动和转矩。

凸缘联轴器由半联轴器 A、半联轴器 B、4 个 M10 的螺栓和螺母组成。装配关系如图 4-1 所示，组件之间没有相对运动。

因此确定装配方案：首先完成半联轴器 A 和 B 的建模。然后选择半联轴器 A 为装配基准件，采用绝对原点装配，并进行固定。半联轴器 B 和半联轴器 A 之间采用面接触、孔对齐的方法定位，使用"接触对齐｜接触"和"接触对齐｜自动判断中心"约束进行装配。螺栓和螺母直接从重用库调用，装配方法与半联轴器 B 类似。

课前尝试任务：根据给定的零件实体，完成如图 4-2 所示移动小车脚轮的装配模型。

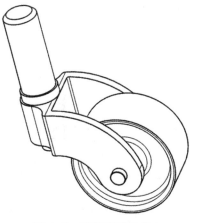

图 4-2　课前尝试任务 1

建议先自主完成课前尝试任务，再参考表 4-1 完成凸缘联轴器零件建模及部件装配。

表 4-1　凸缘联轴器装配体的实施过程

1	在选定目录下创建："联轴器"文件夹。 启动 NX，新建文件：半联轴器 A，指定保存路径至"联轴器"文件夹	
2	创建半联轴器基本体 （1）单击"插入""在任务环境中绘制草图"，选择 XZ 面创建草图	

2	（2）使用"轮廓"工具绘制截面，如右图所示。标注尺寸，退出草图	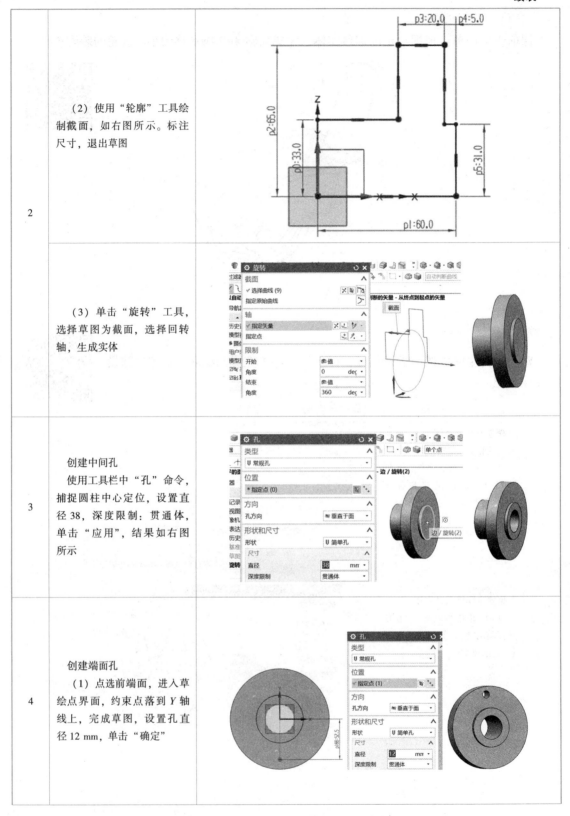
3	（3）单击"旋转"工具，选择草图为截面，选择回转轴，生成实体	
	创建中间孔 使用工具栏中"孔"命令，捕捉圆柱中心定位，设置直径38，深度限制：贯通体，单击"应用"，结果如右图所示	
4	创建端面孔 （1）点选前端面，进入草绘点界面，约束点落到 Y 轴线上，完成草图，设置孔直径 12 mm，单击"确定"	

4	（2）使用工具栏中"阵列特征"，选择直径 12 mm 的孔为对象，选择 X 为矢量，其余设置如右图所示，完成孔的复制		
5	创建键槽 选择"拉伸"，选择前端面为草绘面，草图如右图所示，完成草图，贯通拉伸		
6	创建倒角 选择"倒斜角"工具，完成两个倒角创建		
7	保存文件		

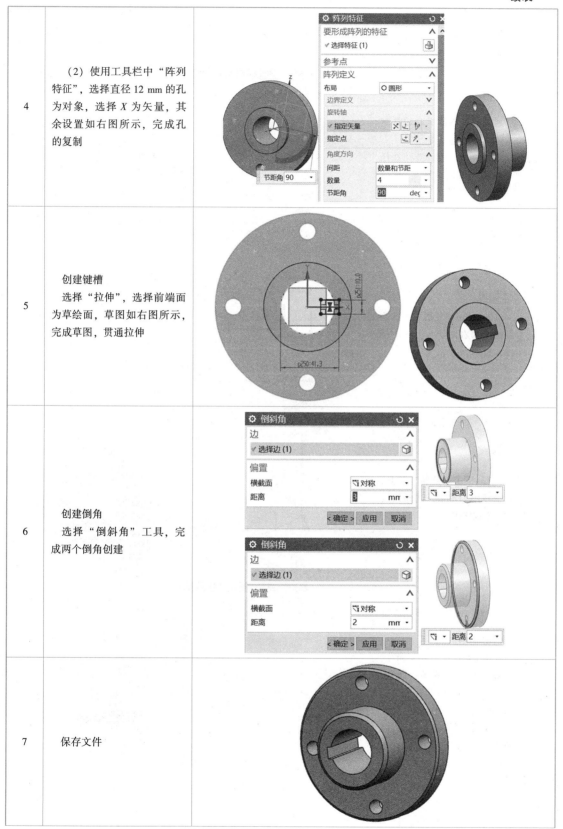

8	新建文件：半联轴器 B，指定保存路径至"联轴器"文件夹	
9	通过旋转创建半联轴器基本体 （1）单击"插入""在任务环境中绘制草图"，选择 XZ 面创建草图	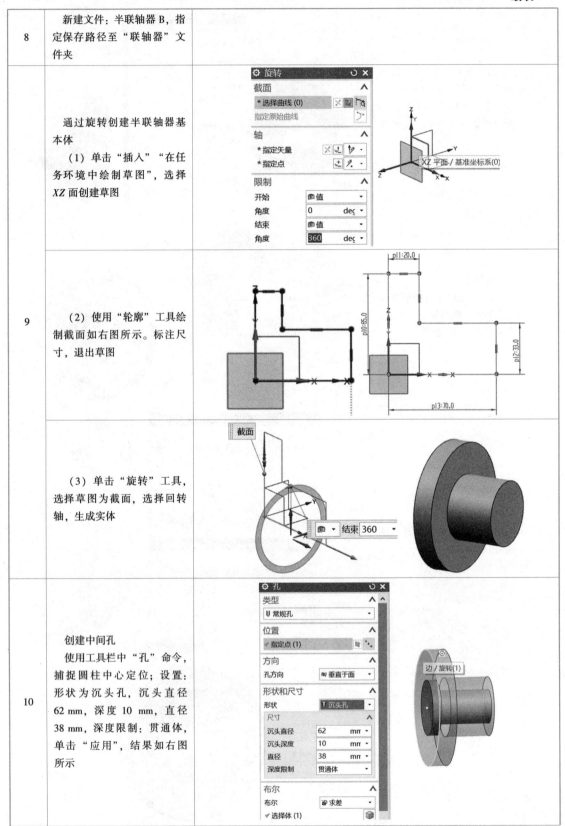
	（2）使用"轮廓"工具绘制截面如右图所示。标注尺寸，退出草图	
	（3）单击"旋转"工具，选择草图为截面，选择回转轴，生成实体	
10	创建中间孔 使用工具栏中"孔"命令，捕捉圆柱中心定位；设置：形状为沉头孔，沉头直径 62 mm，深度 10 mm，直径 38 mm，深度限制：贯通体，单击"应用"，结果如右图所示	

11	创建键槽 （1）使用"拉伸"命令，选择右端面为草图面	 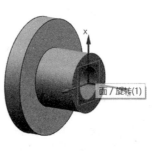
	（2）使用"矩形"命令，绘制矩形；使用"设为对称"工具，将矩形设为与草图 *X* 对称	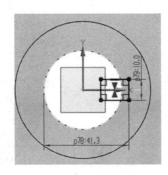 
	（3）使用"快速尺寸"命令，完成草图标注。退出草图，贯通拉伸形成键槽	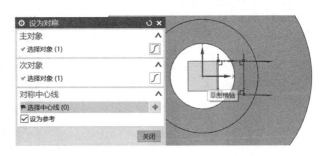
12	创建连接孔 （1）使用工具栏中"孔"命令，点选左端面，进入草绘点界面，约束点落到 *X* 轴线上，完成草图，设置孔直径 12，贯通得到一个孔特征	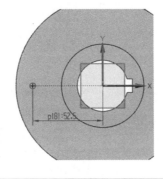 

12	（2）使用工具栏中"阵列特征"，选择直径 12 mm 的孔为对象，选择 X 为矢量，其余设置如右图所示，完成孔的复制	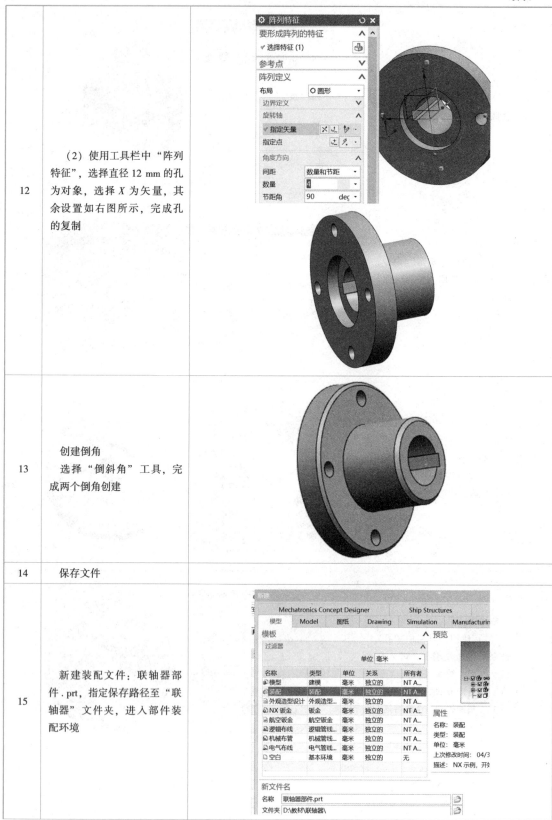
13	创建倒角 选择"倒斜角"工具，完成两个倒角创建	
14	保存文件	
15	新建装配文件：联轴器部件 . prt，指定保存路径至"联轴器"文件夹，进入部件装配环境	

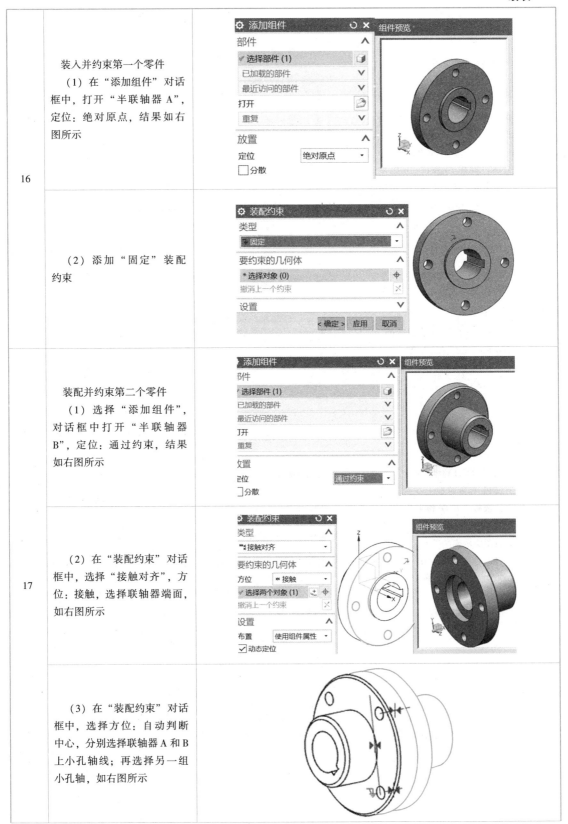

16	装入并约束第一个零件 （1）在"添加组件"对话框中，打开"半联轴器A"，定位：绝对原点，结果如右图所示	
	（2）添加"固定"装配约束	
17	装配并约束第二个零件 （1）选择"添加组件"，对话框中打开"半联轴器B"，定位：通过约束，结果如右图所示	
	（2）在"装配约束"对话框中，选择"接触对齐"，方位：接触，选择联轴器端面，如右图所示	
	（3）在"装配约束"对话框中，选择方位：自动判断中心，分别选择联轴器A和B上小孔轴线；再选择另一组小孔轴，如右图所示	

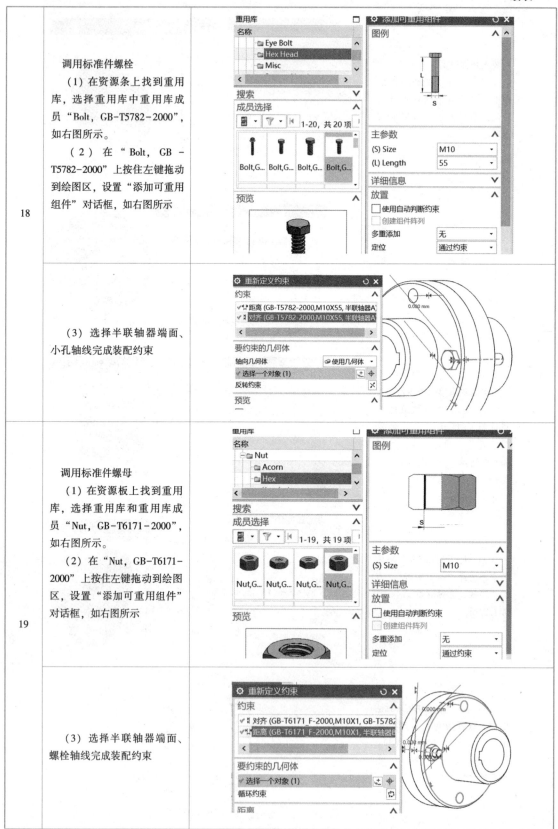

18	调用标准件螺栓 （1）在资源条上找到重用库，选择重用库中重用库成员"Bolt，GB-T5782-2000"，如右图所示。 （2）在"Bolt，GB-T5782-2000"上按住左键拖动到绘图区，设置"添加可重用组件"对话框，如右图所示	
	（3）选择半联轴器端面、小孔轴线完成装配约束	
19	调用标准件螺母 （1）在资源板上找到重用库，选择重用库和重用库成员"Nut，GB-T6171-2000"，如右图所示。 （2）在"Nut，GB-T6171-2000"上按住左键拖动到绘图区，设置"添加可重用组件"对话框，如右图所示	
	（3）选择半联轴器端面、螺栓轴线完成装配约束	

20	阵列螺栓和螺母 使用"阵列组件",选择上面装配好的螺栓和螺母,通过圆形阵列,设置好参数,结果如右图所示	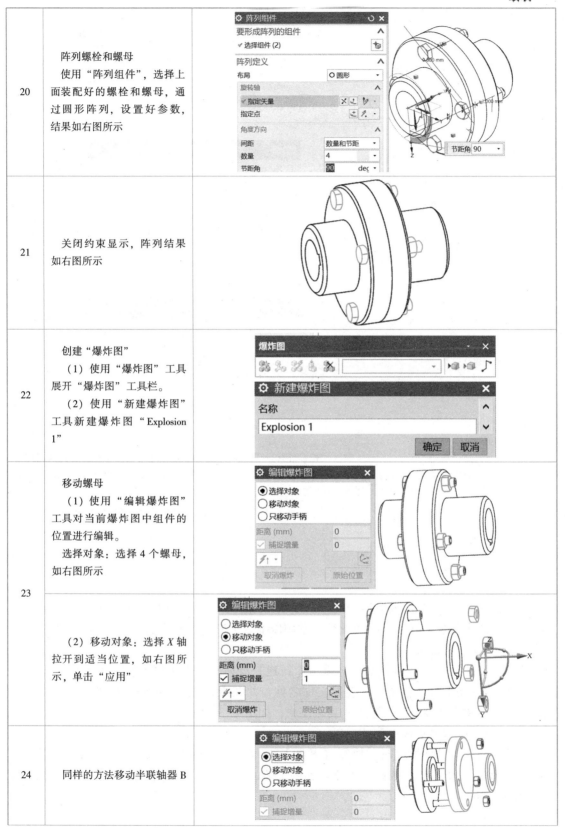	

21	关闭约束显示,阵列结果如右图所示
22	创建"爆炸图" (1)使用"爆炸图"工具展开"爆炸图"工具栏。 (2)使用"新建爆炸图"工具新建爆炸图"Explosion 1"
23	移动螺母 (1)使用"编辑爆炸图"工具对当前爆炸图中组件的位置进行编辑。 选择对象:选择4个螺母,如右图所示 (2)移动对象:选择 X 轴拉开到适当位置,如右图所示,单击"应用"
24	同样的方法移动半联轴器 B

25	同样的方法移动 4 个螺栓	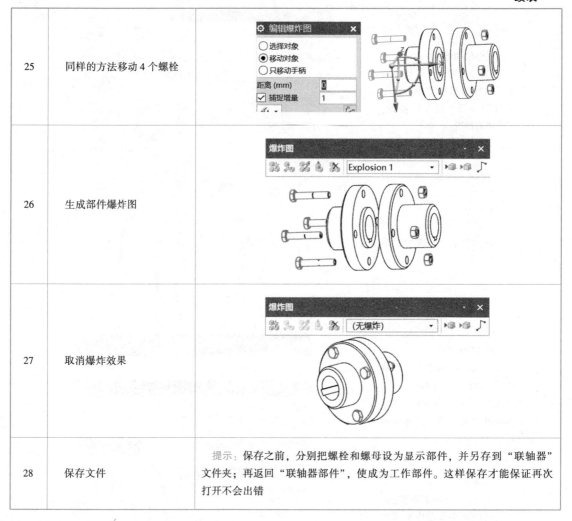
26	生成部件爆炸图	
27	取消爆炸效果	
28	保存文件	提示：保存之前，分别把螺栓和螺母设为显示部件，并另存到"联轴器"文件夹；再返回"联轴器部件"，使成为工作部件。这样保存才能保证再次打开不会出错

知识准备

1. 进入装配界面

装配模块是 UG NX 集成环境中的一个模块，用于实现将零部件模型装配成一个最终的产品模型，或者从装配开始产品的设计。常用以下 2 种形式进入装配模块。

1）直接新建装配文件

执行【文件】→【新建】命令，弹出【新建】对话框，在【模型】选项卡中选择"装配"模板，【名称】文本框中输入装配文件名称，并在【文件夹】编辑框中选择装配文件放置位置，然后单击【确定】按钮进入装配模块，如图 4-3 所示。

2）在其他模块开启装配模式

当处在建模等其他模块时，执行【开始】→【装配】命令，系统可切换到装配模块，如图 4-4 所示。为了方便装配，UG NX 提供了装配导航器、约束导航器、装配工具栏、装配菜单和爆炸图等多种工具。

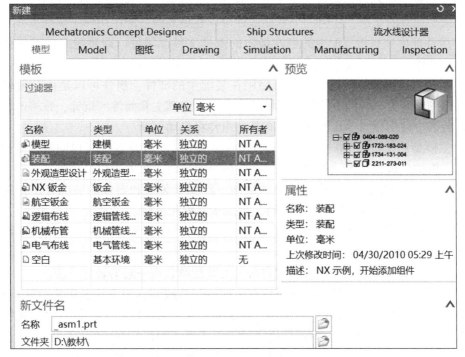

图 4-3　新建装配文件

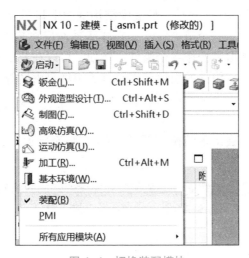

图 4-4　切换装配模块

2. 虚拟装配的基本概念

UG NX 装配是一种虚拟装配，将一个零部件模型引入一个装配模型中，并不是将该部件模型的所有数据"复制"或"移动"过来，而只是建立装配模型与被引用零部件模型文件之间的引用关系（或链接），即有一个指针从装配模型指向被引用的每一个部件，它们之间保持关联性。一旦被引用的部件模型进行了修改，其装配模型也会随之更新。

（1）装配部件：是指由零件和子装配构成的部件。在 UG 中可以向任何一个.prt 文件中添加部件构成装配，因此任何一个.prt 文件都可以作为装配部件。

（2）子装配：是指在高一级装配中被用作组件的装配，子装配也可以拥有自己的组件，子装配是一个相对的概念，任何一个装配部件可以在更高级装配中用作子装配。

（3）组件部件：是指装配中的组件指向的部件文件或零件，即装配部件链接到部件主模型的指针实体。

（4）组件：是指按特定位置和方向使用在装配中的部件，组件可以是由其他较低级别的组件组成的子装配。装配中的每个组件包含一个指向其主几何体的指针，在修改组件的几何体时，会话中使用相同主几何体的所有其他组件将自动更新。

（5）主模型：是指供 UG 模块共同引用的部件模型，一个主模型可以同时和工程图、装配、加工、机构分析和有限元等模块用。当主模型修改时，相关应用自动更新。

（6）自顶向下装配：在装配部件的顶级向下产生子装配和零件的装配方法，先在装配结构树的顶部生成个装配，然后下移一层，生成子装配和组件。

（7）自底向上装配：先创建部件几何模型，再组合成子装配，最后生成装配部件的装配方法。

（8）混合装配：将自顶向下装配和自底向上装配结合在一起的装配方法。

（9）部件工作方式：在装配中，组件有不同的工作模式，用于控制组件的显示和编辑。"显示部件"模式是指在绘图区只显示处于显示部件模式的组件和子组件，而其他组件将不显示在绘图区中。"工作部件"模式是指将处于工作模式的组件或子组件以自身颜色加强显示，其他组件变灰显示，这时可以对处于工作模式的组件或子组件进行编辑或修改，而其他组件则不会被影响。

（10）装配导航器：装配导航器是一种装配结构的图形显示界面，又称为装配树。在装配树形结构中，每个组件作为一个节点显示，它能清楚地反映装配中各个组件的装配关系，而且能让用户快速便捷地选取和操作各个组件。例如，可以在装配导航器中改变显示部件和工作部件、隐藏和显示组件、组件的引用集以及显示组件自由度等。

3. 装配工具栏及常用工具

进入装配环境后，界面会出现装配工具栏，如图 4-5 所示。装配工具及其主要功能如表 4-2 所示。

图 4-5　装配工具栏

表 4-2　装配工具及其主要功能

图标	名称	主要功能
	添加组件	将已经设计好的部件加入当前的装配模型中
	新建组件	在装配体中新建一个不存在的组件或子装配
	移动组件	通过对零件的拖曳进行零件的初始定位，以方便后续的精确定位
	装配约束	在组件之间建立相互约束条件，以确定组件在装配体中的相对位置，是虚拟装配中的核心功能

图标	名称	主要功能
⊱⊥⁄	显示和隐藏约束	在绘图区显示和隐藏已添加的约束
⬚	镜像装配	将组件据选定的面产生一个镜像体
⬚⁺	阵列组件	将组件以给定的方式产生一种阵列对象
⬚	装配布置	为产品产生多个装备位置
⬚	爆炸图	展示产品组件之间的装配关系
⬚	装配序列	展示产品的简单工作原理、装配和拆卸过程等
⬚	WAVE 几何链接器	实现装配体内部组件之间关联的重要工具，是参数化建模技术与系统工程的有机结合

1) 添加组件

选择"添加组件"工具 ⬚⁺，弹出如图 4-6 所示对话框，可以向装配环境中引入一个部件作为装配组件。这种创建装配模型的方法就是"自底向上"的方法。

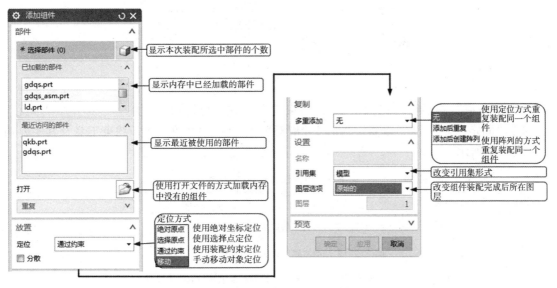

图 4-6　"添加组件"对话框

提示：

（1）定位方式中"绝对原点""选择原点"和"移动"选项都不限制组件的自由度。

（2）定位方式中"绝对原点"和多重添加中的"添加后重复"不能同时使用。

（3）定位方式选择"通过约束"，单击"确定"或"应用"按钮，系统会弹出"装配约束"对话框。

（4）选中多重装配中"添加后重复"选项，则会在装配完一个组件后自动采用选择定位方式重复装配同一个组件，直到选择"取消"按钮为止。

（5）选中多重装配中"添加后阵列"选项，则在装配完一个组件后，采用阵列的方式进行同一组件的重复装配，这里的阵列形式只限于"线性""圆形"和"参考"三种形式。

（6）一般装配体中第一个组件采用"绝对原点"的方式进行装配，其他组件采用"通过约束"的方式进行装配。

2）装配约束

装配约束就是用于确定组件之间相对位置关系的几何条件，用于限制组件的空间自由度，如果组件的 6 个自由度完全被限制，组件为完全约束，否则为不完全约束。选择"装配约束"工具 ，打开"装配约束"对话框，如图 4-7 所示。

图 4-7 "装配约束"对话框

"装配约束"对话框中提供了 10 种约束定位方式，分别为"接触""对齐""同心""距离""固定""平行""垂直""等尺寸配对""中心""角度"等。约束工具及其主要功能如表 4-3 所示。

表 4-3 约束工具及其主要功能

图标	名称	主要功能
▶◀ ▶	接触	使所选两个共面对象的面法向方向相反
	对齐	使所选两个共面对象的面法向方向相同
	自动判断中心/轴	使所选回转面轴线对齐，或回转面轴线与选择的线对齐
◎	同心	用于限制两个圆之间具有同心共面关系
▶▮◀	距离	用于指定平面和平面距离接触或距离对齐
⫽	平行	应用于将两个对象的方向矢量定义为相互平行。平行配对操作的对象组合有直线与直线、直线与平面、轴线与平面、轴线与轴线（圆柱面与圆柱面）、平面与平面等
⌐	垂直	用于将两个对象的方向矢量定义为相互垂直。可以和平行对应理解，凡是可以定义平行的对象都可以定义为垂直约束
∡	角度	将两个对象的方向矢量定义为成一定的角度。可以和垂直约束、平行约束对应理解，可以将垂直理解为角度为 90°，平行理解为角度为 0°

图标	名称	主要功能
▶‖◀	中心 1 对 2	将装配组件上的一个几何对象的中心与基准组件上的两个几何对象的中心对齐
	中心 2 对 1	将装配组件上的两个几何对象的中心与基准组件上的一个几何对象的中心对齐
	中心 2 对 2	将装配组件上的两个几何对象的中心与基准组件上的两个几何对象的中心对齐
✕	对齐/锁定	用于限制直线和直线、圆与圆、圆柱与圆柱之间的约束配对
▬	等尺寸配对	使两个圆锥或圆环面完全重合，并且要求圆锥面和圆环面尺寸一致，如果尺寸不同则约束失效
⊡	胶合	将所选择组件以当前位置"焊接"在一起，使它们作为刚体移动
⏚	固定	将组件在当前位置固定下来

（1）接触对齐 ▶‖◀。

接触对齐约束可约束两个组件的面接触或彼此对齐，这是最常用的约束。具体的子类型又分为：首选接触、接触、对齐和自动判断中心/轴。

接触是指两个面重合且法线方向相反，如图 4-8 所示。

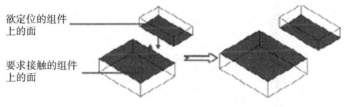

图 4-8　接触约束

对齐是指两个面重合且法线方向相同，如图 4-9 所示。

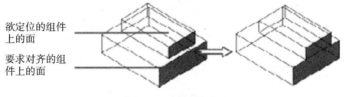

图 4-9　对齐约束

自动判断中心/轴是指在选择圆柱面或圆锥面时，UG NX 将使用面的中心或轴，而不是面本身作为约束，如图 4-10 所示。

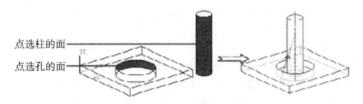

图 4-10　自动判断中心/轴约束

（2）同心 ◎。

同心约束用于约束两个组件的圆形边界或椭圆边界，以使中心重合，并使边界的面共面，如图 4-11 所示。

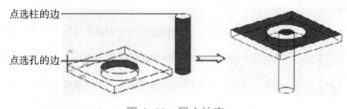

点选柱的边

点选孔的边

图 4-11　同心约束

4. 装配导航器

装配导航器用层次结构树显示装配结构、组件属性以及成员组件间的约束，单击【资源条】中的【装配导航器】按钮，打开如图 4-12 所示"装配导航器"对话框。使用装配导航器可以进行显示组件、将一些特定命令用于选择组件、将组件再拖到不同的父项、选择和标识组件等操作。

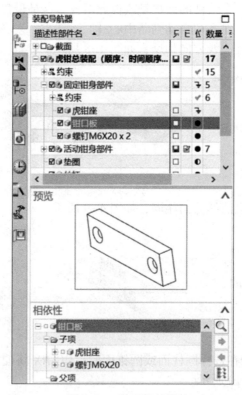

图 4-12　装配导航器

提示：
装配导航器是对装配结构进行编辑的方便而有力的工具，装配结构一旦建立，就可以利用装配导航器完成大部分的装配编辑工作，且操作简单方便，其结构的操作方法与模型导航器大多一致，与 Windows 资源管理器也非常相似。

5. 约束导航器

单击【资源条】中的【约束导航器】按钮，显示出约束导航器，如图 4-13 所示。

约束导航器能够很清楚地表达出装配体中各个组件之间所建立的何种约束关系，为装配约束关系的建立、修改等操作提供了方便快捷的工具。

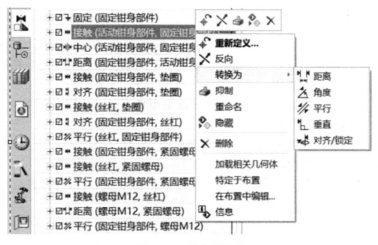

图 4-13　约束导航器

6. 重用库

使用重用库可以访问重用库对象，将重用库中定义的标准件插入模型中。重用库对象包括：行业标准部件和部件族、NX 机械部件族、用户定义特征、规律曲线、形状和轮廓 2D 截面等。重用库是一个 NX 资源工具，类似于装配导航器或部件导航器，以分层树结构显示可重用对象。单击【资源条】中的【重用库】按钮 ，显示如图 4-14 所示重用库。

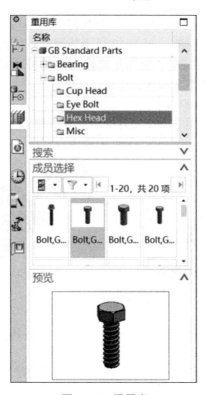

图 4-14　重用库

重用库中的机械零件库包含有大量的最新行业标准部件，可支持所有主要标准：ANSI 英制、ANSI 公制、DIN、UNI、JIS、GB 和 GOST 等，从中调用这些部件可节省重复建模时间。

7. 引用集

引用集是 UG NX 用来控制装配中组件或子装配部件显示的一种工具。引用集是零件或子装配中对象的命名集合，可以过滤组件中不需要的对象，使它们不出现在装配中，使得缩短组件加载时间，减少内存使用，使图形显示更加简洁，容易分析。引用集有系统自动建立的默认引用集，也可以用户定义引用集。当默认引用集不能满足用户需要时，可以定义自己的引用集确保装配显示满足需要。

系统自动建立的默认引用集有：空引用集、整个部件引用集、模型引用集、简化引用集、实体引用集、制图引用集和配对约束引用集。

（1）空引用集：在图形窗口中不显示任何内容，图 4-15 所示为弹簧组件改为空引用集的情况。

（2）整个部件引用集：在图形窗口中显示组件中的所有对象，图 4-16 所示为弹簧组件改为整个部件引用集的情况。

图 4-15　空引用集　　　　　　　　　　　图 4-16　整个部件

（3）模型引用集（MODE）：包含实际模型几何体，这些几何体包括实体、片体等，模型引用集不包含基准或曲线等对象，图 4-17 所示为弹簧组件为模型引用集的情况。

（4）装配约束引用集（MATE）：使用基准作为参考特征来施加装配约束。只添加装配约束的基准特征，而不是使用整个部件引用集。

（5）简化引用集（SIMPLEFIED）：当复杂装配包含标准件（如紧固件）的多个实例，需要改善计算机性能时，仅使用中心线和轮廓曲线进行显示，如图 4-18 所示。

图 4-17　模型引用集　　　　　　　　　　图 4-18　简化引用集

（6）制图引用集（DRAWING）：有时候需要显示理论交点或中心线，以便在图纸中为它们标注尺寸，创建制图引用集，还可添加必要的曲线。

在建模环境中单击菜单【格式】→【引用集】，系统弹出"引用集"对话框，如图4-19所示。

图4-19 "引用集"对话框

8. 爆炸图

爆炸图可以将选中的组件或子装配相互分离开来，而不会影响组件的实际装配位置，爆炸图主要用于爆炸图样，显示产品零件之间的装配关系。

单击"装配"工具栏中"爆炸图"工具按钮，系统弹出"爆炸图"工具栏，如图4-20所示。爆炸图装配工具及其主要功能如表4-4所示。

图4-20 "爆炸图"工具栏

表4-4 爆炸图常用工具及其主要功能

图标	名称	主要功能
	新建爆炸图	在当前视图中创建一个新的爆炸视图。一个装配文件支持多个爆炸图
	编辑爆炸图	采用自动爆炸一般不能得到理想的爆炸效果，通常需要利用此功能对爆炸图进行调整操作
	自动爆炸组件	按照指定的距离自动爆炸组件，移动方向由系统自定
	取消爆炸组件	使已爆炸的组件回到其原来的位置
	删除爆炸图	删除列表框中已建立的爆炸图，但不能删除已用于工程图的爆炸图
	隐藏视图组件	隐藏当前爆炸视图中指定的组件，使其不显示在图形窗口中
	显示视图组件	重新显示被隐藏的组件在图形窗口中
	追踪线	用于显示组件的装配位置

单击"编辑爆炸图"工具按钮 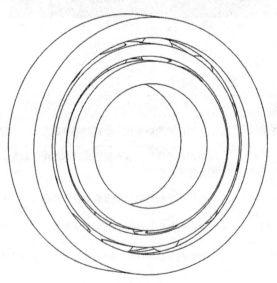后，系统弹出"编辑爆炸图"对话框，如图 4-21 所示。先选择要移动的对象，然后可以对组件的位置进行编辑，如图 4-22 所示。

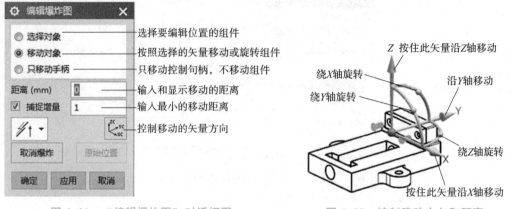

图 4-21　"编辑爆炸图"对话框图　　　　　图 4-22　控制移动方向和距离

9. 进行自下而上的装配建模流程

（1）完成所有零件的设计；
（2）分析并确认零件之间的位置关系，制定装配工艺；
（3）按装配工艺的顺序调入零件文件；
（4）按位置关系添加约束条件。

任务延拓

课后延拓任务：根据给定的零件，完成如图 4-23 所示滚动球轴承的部件装配。

图 4-23　课后延拓任务 1

根据任务完成情况，填写任务实施评价表 4-5。

表 4-5　任务实施评价表

任务名称		联轴器部件装配		
班级		姓名		
地点		日期		
第___小组成员				

序号	评价内容	分值	自评 （25%）	小组评价 （25%）	教师评价 （50%）
1	学习态度	5			
2	课前尝试任务完成度	15			
3	课中工作任务完成度	30			
4	课后探索任务完成度	25			
5	任务实施方案的多样性	10			
6	完成的速度	5			
7	小组合作与分工	5			
8	学习成果展示与问题回答	5			
总分		100	合计：		
问题记录和 解决方法	实施中出现的问题和采取的解决方法				

任务 4.2　单向阀部件装配（自上而下装配）

任务目标

1. 掌握自上而下的装配方法，了解 WAVE 技术的应用。
2. 掌握在装配环境下新建部件的操作。
3. 能够理解和应用 WAVE 几何链接器进行实体建模。
4. 能够使用自上而下的装配方法完成部件的虚拟装配操作。
5. 通过单向阀部件装配案例，让学生掌握机械部件自上而下装配的创建方法。
6. 通过学生自主完成学习任务，培养其养成独立思考的习惯。

工作任务

根据如图 4-24 所示单向阀的装配示意图、工作原理图和明细表，以及阀体工程图（图 4-25），完成各零件的造型设计及单向阀部件的装配图设计。

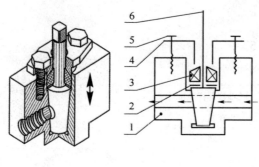

6	test. 05	阀　　杆	1	45	
5	GB/T 5780	螺　　栓	2	Q235	M8×20
4	test. 04	填料压盖	1	Q235	
3	test. 03	填　　料	1	石棉	
2	test. 02	垫　　圈	1	Q235	
1	test. 01	阀　　体	1	45	
序号	代　号	名　　称	数量	材料	备注
		阀门组件			

（a）　　　　　　　　　　（b）　　　　　　　　　　（c）

图 4-24　单向阀装配结构原理图

（a）装配示意图；（b）工作原理图；（c）部件明细表

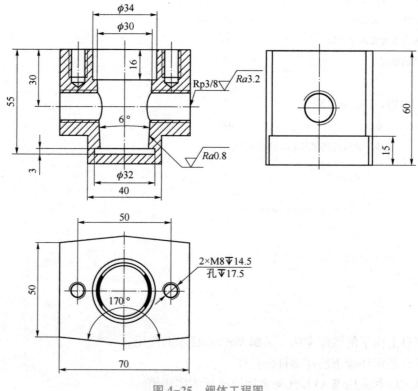

图 4-25　阀体工程图

　　单向阀是液压回路通断控制部件。其工作原理：通过旋转阀杆，使得阀杆上的横孔和阀体上的孔相通，液体就可以通过，否则液压回路就会中断。因此，阀体和阀杆是核心工作部件，要求阀杆和阀体的锥面要准确配合，阀杆上的孔和阀体上的孔位置和形状相关。

　　其他组件是辅助零件，用于辅助单向阀功能的实现，要求其形状与尺寸要与核心零件的形状与尺寸相关联。

　　产品设计时组件之间的尺寸关联可以采用关系式或装配环境下的 WAVE 几何链接器实

现，相对而言，WAVE 几何链接器使用起来更为方便。

先进行产品原理设计和关键零件造型设计，再在装配环境下进行其他辅助零件设计。因此根据阀体的工程图，创建阀体模型，阀体图样如图 4-25 所示。然后创建单向阀的装配体，并将阀体装配进来。在装配体中新建阀杆、垫圈、填料、填料压盖螺钉等组件，再将要进行设计的组件设为工作部件，使用 WAVE 几何链接器将阀体或其他组件中的面、面域、曲线或草图关联，最后对工作部件进行结构设计。

任务尝试

课前尝试任务：根据给定的五缸发动机零件整体，完成如图 4-26 所示的五缸发动机装配部件（自上而下）。

图 4-26　课前尝试任务 2

任务实施

建议先自主完成课前尝试任务，再参考表 4-6 完成单向阀零件建模及部件装配。

表 4-6　单向阀装配体的实施过程

1	在选定目录下创建：单向阀文件夹。 启动 UG NX，新建文件：阀体 .prt，指定保存路径至"单向阀"文件夹	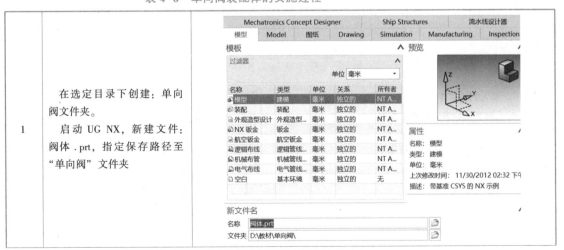

2	根据零件图样，完成阀体造型	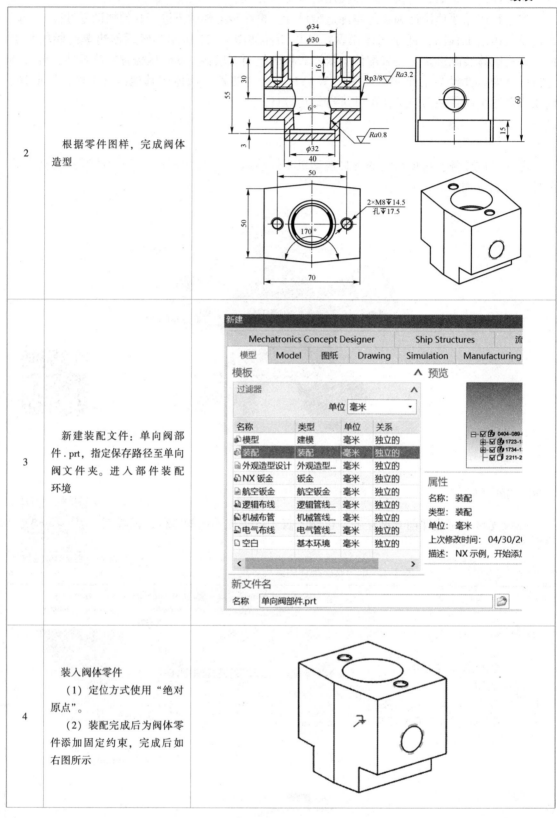
3	新建装配文件：单向阀部件.prt，指定保存路径至单向阀文件夹。进入部件装配环境	
4	装入阀体零件 （1）定位方式使用"绝对原点"。 （2）装配完成后为阀体零件添加固定约束，完成后如右图所示	

5	新建组件：阀杆、垫圈、填料、填料压盖 （1）使用"装配"工具栏中"新建组件"工具按钮新建"阀杆"，文件位置和阀体组件相同。 （2）按照相同方法创建组件：垫圈、填料、填料压盖	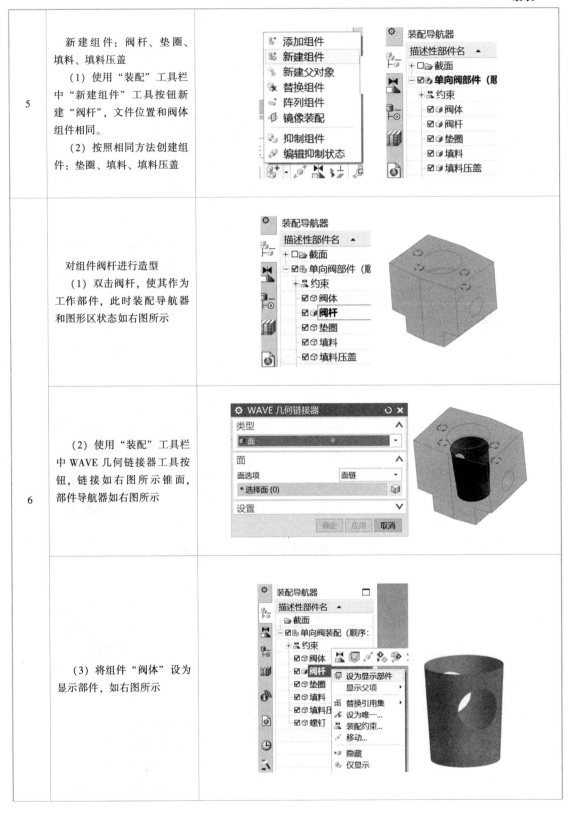
6	对组件阀杆进行造型 （1）双击阀杆，使其作为工作部件，此时装配导航器和图形区状态如右图所示	
	（2）使用"装配"工具栏中WAVE几何链接器工具按钮，链接如右图所示锥面，部件导航器如右图所示	
	（3）将组件"阀体"设为显示部件，如右图所示	

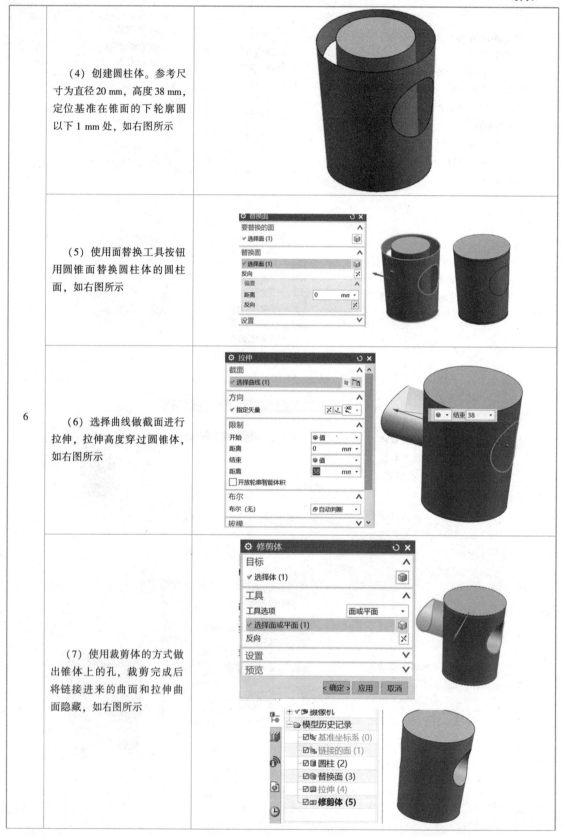

6	（4）创建圆柱体。参考尺寸为直径 20 mm，高度 38 mm，定位基准在锥面的下轮廓圆以下 1 mm 处，如右图所示	
	（5）使用面替换工具按钮用圆锥面替换圆柱体的圆柱面，如右图所示	
	（6）选择曲线做截面进行拉伸，拉伸高度穿过圆锥体，如右图所示	
	（7）使用裁剪体的方式做出锥体上的孔，裁剪完成后将链接进来的曲面和拉伸曲面隐藏，如右图所示	

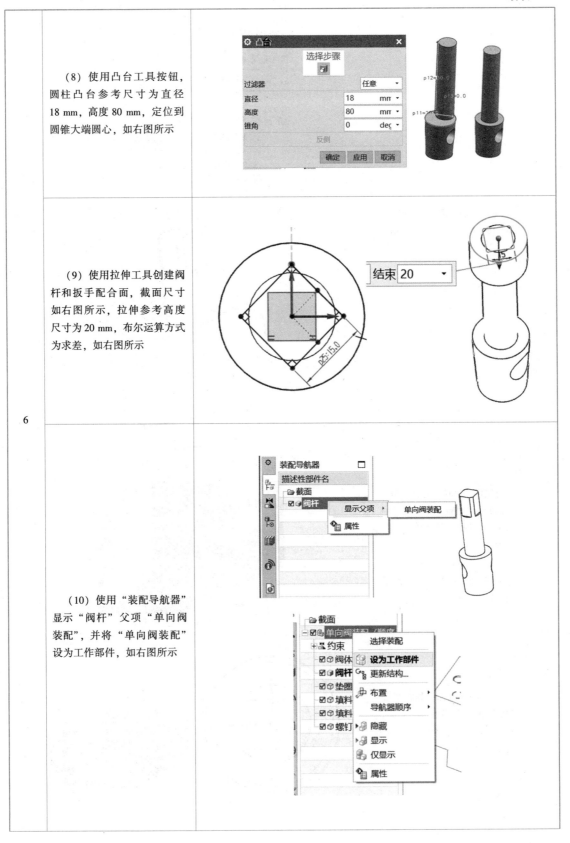

（8）使用凸台工具按钮，圆柱凸台参考尺寸为直径18 mm，高度80 mm，定位到圆锥大端圆心，如右图所示	
（9）使用拉伸工具创建阀杆和扳手配合面，截面尺寸如右图所示，拉伸参考高度尺寸为20 mm，布尔运算方式为求差，如右图所示	
（10）使用"装配导航器"显示"阀杆"父项"单向阀装配"，并将"单向阀装配"设为工作部件，如右图所示	

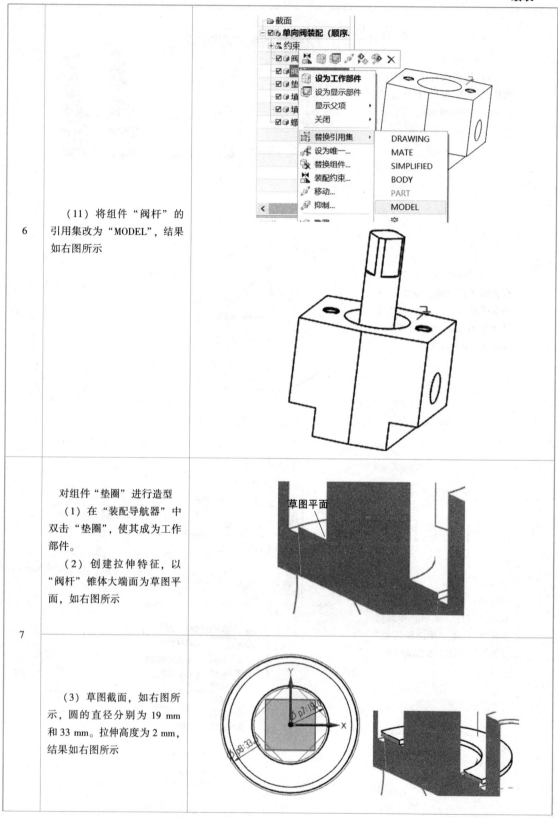

6	（11）将组件"阀杆"的引用集改为"MODEL"，结果如右图所示	
7	对组件"垫圈"进行造型 （1）在"装配导航器"中双击"垫圈"，使其成为工作部件。 （2）创建拉伸特征，以"阀杆"锥体大端面为草图平面，如右图所示	
	（3）草图截面，如右图所示，圆的直径分别为 19 mm 和 33 mm。拉伸高度为 2 mm，结果如右图所示	

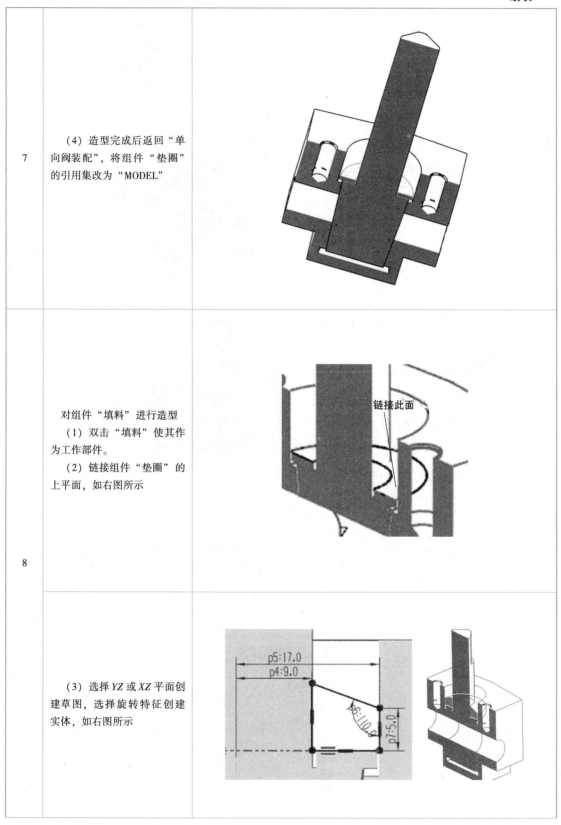

7	（4）造型完成后返回"单向阀装配"，将组件"垫圈"的引用集改为"MODEL"	
8	对组件"填料"进行造型 （1）双击"填料"使其作为工作部件。 （2）链接组件"垫圈"的上平面，如右图所示	
	（3）选择 YZ 或 XZ 平面创建草图，选择旋转特征创建实体，如右图所示	

8	（4）造型完成后返回"单向阀装配"，将组件"填料"的引用集改为"MODEL"	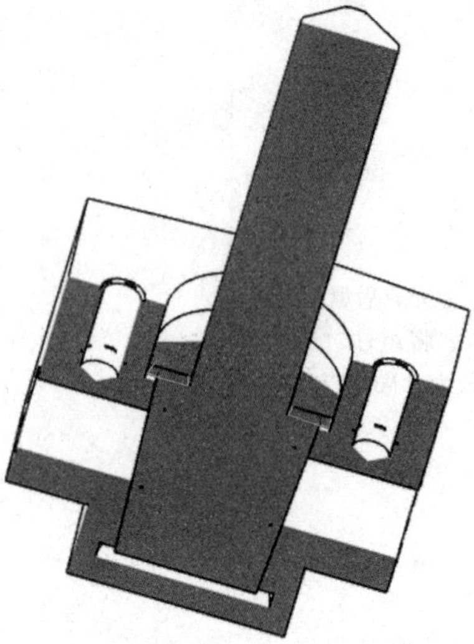
9	对组件"填料压盖"进行造型。 （1）将部件"填料压盖"作为工作部件。 （2）链接"阀体"的顶面和"填料"的顶面，如右图所示	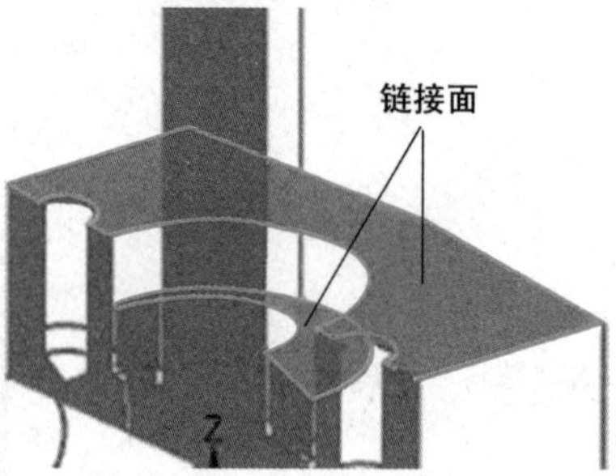 链接面
	（3）将阀体、阀杆、垫圈填料隐藏，如右图所示	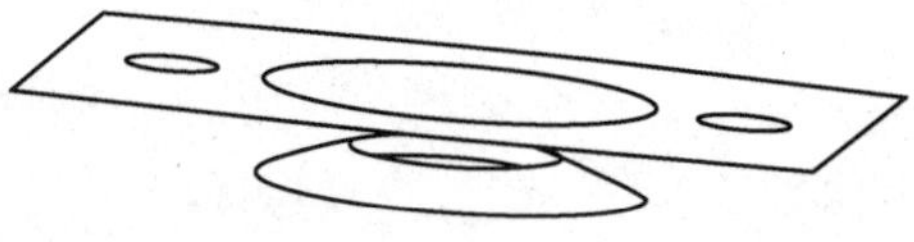
	（4）创建上面拉伸特征，截面为阀体顶面的面边界，拉伸高度参考值为：起始1，终止9，如右图所示	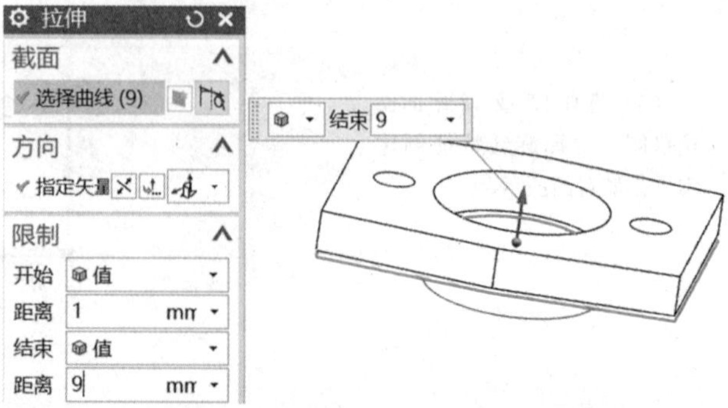

9	（5）创建下面拉伸特征，结束选择"直至下一个"或"直至延伸"，如右图所示	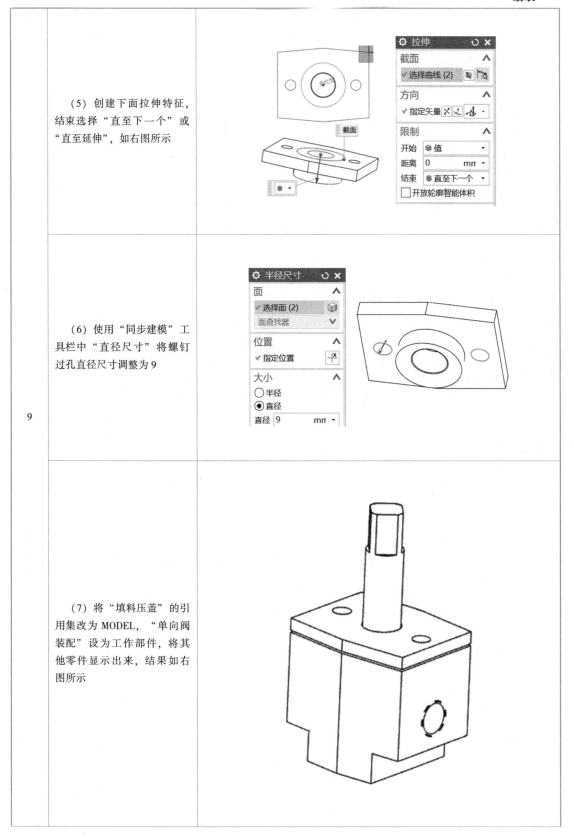
	（6）使用"同步建模"工具栏中"直径尺寸"将螺钉过孔直径尺寸调整为9	
	（7）将"填料压盖"的引用集改为 MODEL，"单向阀装配"设为工作部件，将其他零件显示出来，结果如右图所示	

10	调用标准件螺栓 （1）在资源条上找到重用库，选择重用库和重用库成员"Bolt，GB−T5780−2000"，如右图所示。 （2）在"Bolt，GB−T5780−2000"上按住左键拖动到绘图区，设置"添加可重用组件"对话框，如右图所示	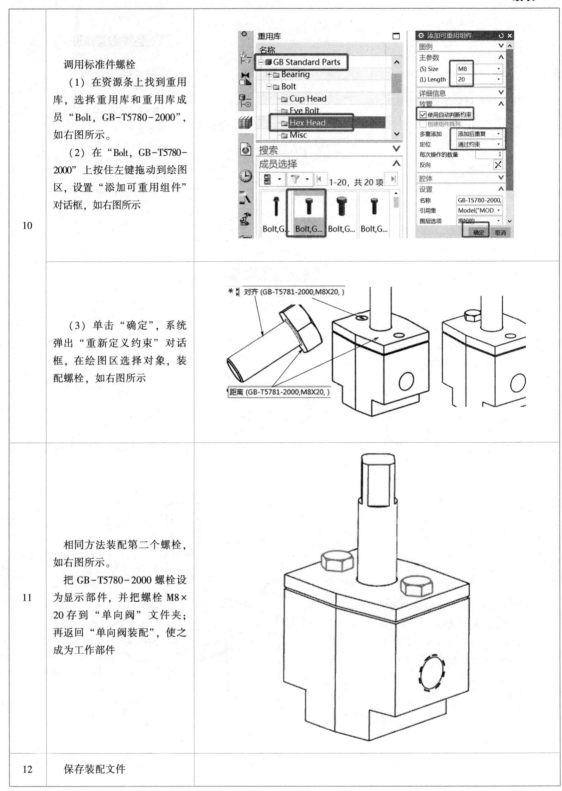
	（3）单击"确定"，系统弹出"重新定义约束"对话框，在绘图区选择对象，装配螺栓，如右图所示	
11	相同方法装配第二个螺栓，如右图所示。 把 GB−T5780−2000 螺栓设为显示部件，并把螺栓 M8×20 存到"单向阀"文件夹；再返回"单向阀装配"，使之成为工作部件	
12	保存装配文件	

1. 自顶向下装配

方法一：先建立一个装配文件，这个文件中不包含任何几何对象，然后使用"装配"工具栏中的"新建组件"命令🐾➕，根据需要逐级创建下级子文件，最终完成这个装配结构树的搭建，然后再分别使用"工作组件"或"显示组件"，对每个零件进行详细设计。

方法二：先建立一个装配文件，并进行特征设计。当特征框架设计完成后，使用"新建组件"建立下一级零件文件，并把每个零件需要的特征"分配"给该零件，这是一个"化整为零"的过程。

提示：在新建组件之前应先用移除参数将特征消参，否则在分配特征并删除源对象时会因为参数关联而删除相关特征。

2. WAVE 几何链接器

WAVE 几何链接器提供了在工作部件中建立相关几何体的功能。如果建立相关的几何体，它必须被连接到同一装配中的其他部件。链接的几何体与它的父几何体相关，改变父几何体，在其他组件中的链接几何体会自动更新。

单击"装配"工具栏中"WAVE 几何链接器"工具按钮，系统弹出如图 4-27 所示"WAVE 几何链接器"对话框。

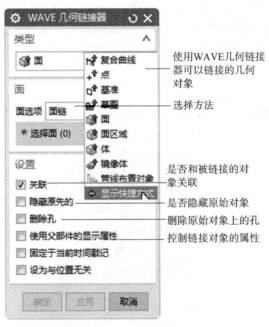

图 4-27　"WAVE 几何链接器"对话框

1）类型

使用 WAVE 几何链接器可以很方便地从其他组件中引用面、体、线、基准等对象，具体的控制可以通过类型下拉列表进行控制。

（1）复合曲线：用于从其他组件中链接曲线或线串到工作部件。

（2）点：用于从其他组件链接点到工作部件中。

（3）基准：从其他组件中链接基准平面到工作部件中。

（4）草图：从其他组件中链接草图对象到工作部件中。

（5）面：链接其他组件中的面到工作部件中，可以使用多种方法选择要链接的面，但一次只能选择一个组件中的面，如果有多个组件的面需要链接则要链接多次。

（6）面域：使用种子边界面的方法选择面域进行面的链接，和"面"链接法相似，不同之处在于选择方法。

（7）体：链接几何体实体到工作部件中。

（8）镜像体：将装配中的一个组件的特征相对于指定平面的镜像体链接到工作部件中。操作时，需要先选择特征，再选择镜像平面。

（9）管线布置对象：用于从装配体的组件中链接一个或多个管道对象到工作部件中。

2）设置

用于设置链接所产生的对象与原始对象之间的关系，对于不同的选择类型，设置的复选框内容也各不相同，下边解释共同的选项：

（1）关联：选中此复选框，则链接的对象与原始对象相关联。不选中，链接的对象与原始对象就没有关联关系，一般情况下，这个复选框被选中。

（2）隐藏原先的：选中这个复选框，产生链接对象后，原始对象会被隐藏掉，这个复选框一般不被选中。

（3）使用父部件的显示属性：将父部件的显示属性复制到经链接产生的对象上。

（4）固定当前的时间戳记：选中该复选框，表示链接产生的对象只与当前被链接对象的形状相关，不论以后被链接对象如何变化，链接体都不发生改变，一般不选中此复选框。

（5）设为与位置无关：连接后的对象位置与原对象无关。

任务延拓

课后延拓任务：根据给定的两缸发动机零件，完成如图 4-28 所示的两缸发动机装配部件（自下而上）。

图 4-28　课后延拓任务 2

根据任务完成情况，填写任务实施评价表4-7。

表4-7 任务实施评价表

任务名称			单向阀部件装配		
班级			姓名		
地点			日期		
第___小组成员					
序号	评价内容	分值	自评 （25%）	小组评价 （25%）	教师评价 （50%）
1	学习态度	5			
2	课前尝试任务完成度	15			
3	课中工作任务完成度	30			
4	课后探索任务完成度	25			
5	任务实施方案的多样性	10			
6	完成的速度	5			
7	小组合作与分工	5			
8	学习成果展示与问题回答	5			
总分		100	合计：		
问题记录和 解决方法	实施中出现的问题和采取的解决方法				

项目小结

　　本项目详细介绍了 UG NX 软件的装配模块的使用，包括装配界面、创建装配体和爆炸图，通过本章的学习，可以掌握 UG NX 装配的特点、自下而上和自上而下的部件装配设计过程以及生成爆炸视图等，达到能熟练应用装配约束进行产品装配的目的。

项目考核

一、填空题

　　1. 使用_____模块能够将产品的各个零部件快速组合在一起，形成产品的整体结构。

　　2. 在装配中，无论如何编辑装配体或在何处编辑装配体，整个装配体中各个部件都保持_____。如果某个部件修改，则可用的装配体将自动更新。

　　3. 在装配体中，每个成员都应该有一个唯一、指定的位置，不同成员之间可能会存在一定的位置关系，施加_____的过程就是来限制每个零件模型的自由度，确定其位置。

　　4. 在进行虚拟装配建模时，根据添加组件的方式不同可以分为两种基本的建模方式：_____装配和_____装配。

4. 组件阵列包括 3 种方式，分别是_____、_____、_____。

6. UG 装配中的几何元素之间的相关性主要是通过_____技术来实现。

7. 在装配体中如果想对某个零件进行编辑，则可以将其设为_____或_____，即可进行特征操作。

二、选择题

1. 装配部件由（　　）而构成。

A. 组件和子装配　　　　B. 部件和组件　　C. 部件和子装配　　　　D. 单个部件和子装配

2.（　　）装配方法用于将以前设计的组件添加到一个装配体中。

A. 自下而上　　　　　　B. 自上而下　　　C. 自上而上　　　　　　D. 自下而下

三、判断题

1. 在装配导航器上也可以查看组件之间的定位约束关系。　　　　　　　　　　　　（　　）

2. 在装配中可对组件进行镜像或阵列。　　　　　　　　　　　　　　　　　　　　（　　）

3. 已存在"配对条件"的装配文件，再使用"定位约束"添加配合关系是会出错的。

（　　）

4. 使用"WAVE 几何链接器"时，所有 WAVE 的几何对象将不会随源对象的更改而更改。

（　　）

四、问答题

1. 简述自上而下装配的两种可行方法。

2. 简述当前部件和显示部件的区别。

五、上机操作题

完成本项目两个工作任务，体会自下而上和自上而下的装配流程。

本项目对标"1+X"《机械产品三维模型设计职业技能等级标准》知识点

（1）高级能力要求 1.3.1 依据 CAD 工程制图国家标准，按照工作任务要求，能结合所要表达的零件或产品模型，选用合适的图幅。

（2）高级能力要求 1.3.2 依据机械制图的视图、剖视图、断面图国家标准，按照工作任务要求，能运用视图、剖视图、断面图相关知识，准确配置模型的主要视图、剖视图和断面图。

（3）高级能力要求 1.3.3 能运用图线相关知识，编辑视图中的切线、消隐线、螺纹线等属性。

在产品实际加工制作过程中，一般都需要二维工程图来指导生产。工程制图模块是 UG NX 系统的重要应用之一。制图模块可以把由建模等应用模块创建的零件或装配模型生成二维工程图，创建的工程图中的视图与模型完全关联，即对模型所做的任何更改都会引起二维工程图的相应更新。此关联性使用户可以根据需要对模型进行多次更改，从而极大地提高设计效率。

本项目主要介绍建立各种视图的方法和技巧。尺寸标注与草图标注方法类似，也可以把完成视图创建的工程图导出到 AutoCAD 或中望 CAD 等软件进行标注，建立符合机械制图标准的工程图。

任务 5.1　支座零件工程图创建

任务目标

1. 掌握工程制图环境的进入与界面组成。
2. 掌握新建和编辑图纸页操作步骤。
3. 掌握基本视图、全剖视图、半剖视图、局部剖视图的方法。
4. 能够进入工程制图环境新建和编辑图纸页。
5. 能够进行基本视图、全剖视图、半剖视图、局部剖视图的创建。
6. 能编辑视图中的切线、消隐线、螺纹线等属性。
7. 通过支座零件工程图创建，能对制图模块有较深入的认识，理解机械设计中二维工程图与三维实体的关联性，为培养工程人员在从事技术工作中应具备的素养和品质奠定基础。

8. 养成面对问题从多方面思考与自主寻找解决办法的意识和习惯。

9. 培养与他人进行有效的交流和沟通，具备较强的团队协作精神。

根据已创建的支座零件实体，生成如图 5-1 所示支座零件的工程图。

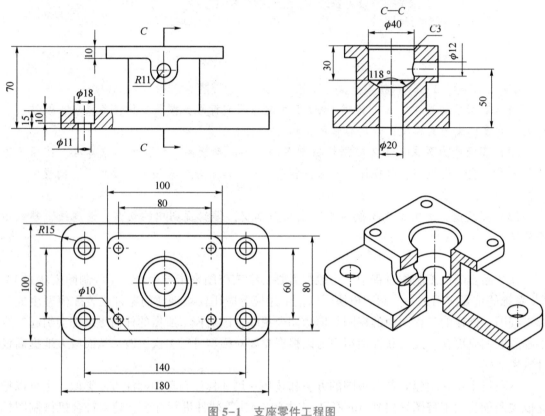

图 5-1　支座零件工程图

任务分析

支座工程图由俯视图、前视图、左视图和轴测图组成，其中俯视图是全视图，左视图是全剖视图，前视图带有局部剖视图，轴测图为半剖视图。通过对支座零件工程图的制作实施，能够熟练掌握工程图中各种投影视图和剖视图工具的用法。该零件工程图的创建对其他的类似零件生成工程图具有一定的借鉴作用。

任务尝试

课前尝试任务：根据如图 5-2 所示的零件三视图，完成零件实体建模和工程图视图的创建。

任务实施

建议先自主完成课前尝试任务，再参考表 5-1 完成支座工程图创建。

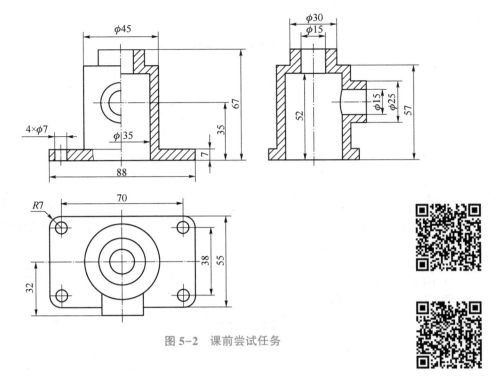

图 5-2　课前尝试任务

表 5-1　支座工程图创建的实施过程

| 1 | 创建图纸页
（1）打开"源文件"文件夹中"支座.prt"；单击工具栏中【启动】→【制图】，进入工程图模块，系统打开工程图界面 | 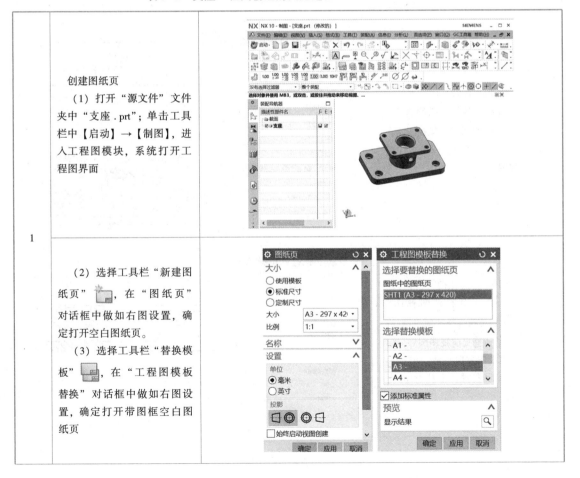 |
| | （2）选择工具栏"新建图纸页"
，在"图纸页"对话框中做如右图设置，确定打开空白图纸页。
（3）选择工具栏"替换模板"
，在"工程图模板替换"对话框中做如右图设置，确定打开带图框空白图纸页 | |

2	创建前视图 　　选择工具栏"基本视图" ，在"基本视图"对话框 中做如右图设置，在适当位 置单击，生成前视图。 　　调整图纸比例。视图生成 后，发现视图比例不合适， 调整比例1∶1为1∶1.5。在 部件导航器中，右击前视图， 在右键菜单中选择"编辑"， 选择比例为"比率"，并输入 数字	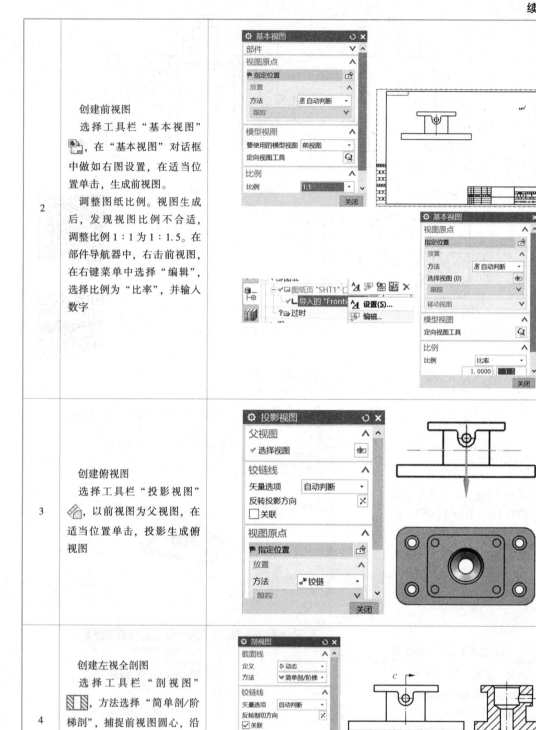
3	创建俯视图 　　选择工具栏"投影视图" ，以前视图为父视图，在 适当位置单击，投影生成俯 视图	
4	创建左视全剖图 　　选择工具栏"剖视图" ，方法选择"简单剖/阶 梯剖"，捕捉前视图圆心，沿 着左视图方向在适当位置单 击鼠标左键，生成全剖左 视图	

5	创建正等测视图 选择工具栏"基本视图"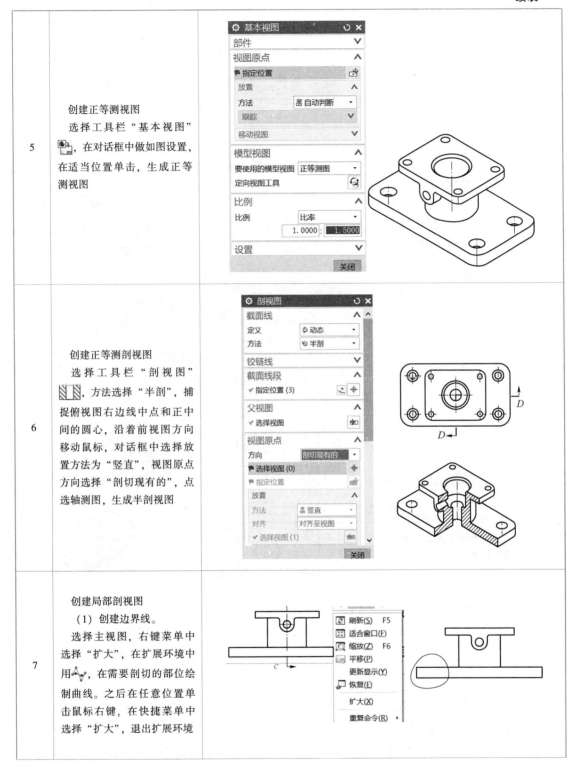，在对话框中做如图设置，在适当位置单击，生成正等测视图	
6	创建正等测剖视图 选择工具栏"剖视图"，方法选择"半剖"，捕捉俯视图右边线中点和正中间的圆心，沿着前视图方向移动鼠标，对话框中选择放置方法为"竖直"，视图原点方向选择"剖切现有的"，点选轴测图，生成半剖视图	
7	创建局部剖视图 （1）创建边界线。 选择主视图，右键菜单中选择"扩大"，在扩展环境中用，在需要剖切的部位绘制曲线。之后在任意位置单击鼠标右键，在快捷菜单中选择"扩大"，退出扩展环境	

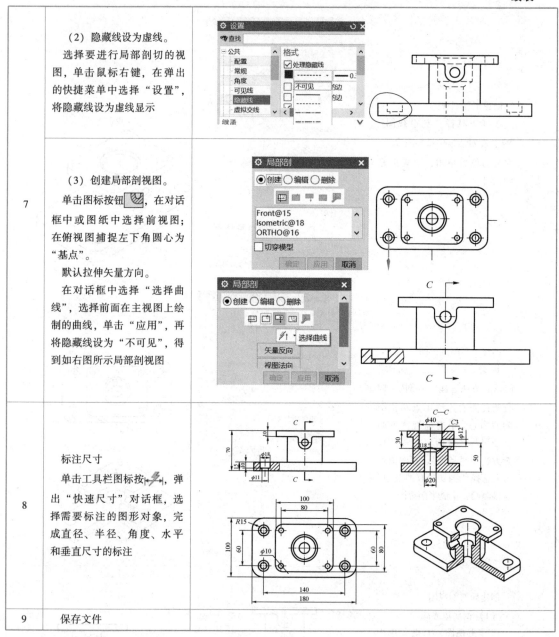

7	（2）隐藏线设为虚线。 选择要进行局部剖切的视图，单击鼠标右键，在弹出的快捷菜单中选择"设置"，将隐藏线设为虚线显示 （3）创建局部剖视图。 单击图标按钮，在对话框中或图纸中选择前视图；在俯视图捕捉左下角圆心为"基点"。 默认拉伸矢量方向。 在对话框中选择"选择曲线"，选择前面在主视图上绘制的曲线，单击"应用"，再将隐藏线设为"不可见"，得到如右图所示局部剖视图	
8	标注尺寸 单击工具栏图标按，弹出"快速尺寸"对话框，选择需要标注的图形对象，完成直径、半径、角度、水平和垂直尺寸的标注	
9	保存文件	

知识准备

1. 工程图基础

1）进入工程图环境

单击"标准"工具栏中【启动】→【制图】选项或按下快捷键 Ctrl+Shift+D，即可进入工程图模块，系统打开工程图界面，如图 5-3 所示。

在工程图环境中，如果想返回建模环境，选择"标准"工具栏中【启动】→【建模】选项即可。

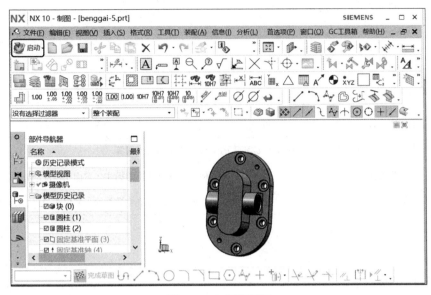

图 5-3　工程图界面

2）制图首选项

选择主菜单【首选项】→【制图】选项，弹出如图 5-4 所示"制图首选项"对话框，该对话框的功能如下：设置视图和注释的版本；设置成员视图的预览样式；设置图纸页的页号及编号；视图的更新和边界、显示抽取边缘的面及加载组件的设置；保留注释的显示设置；设置断开视图的断裂线等。

例如：生成视图时，每一个视图都会有一个边界，可以通过"制图首选项"对话框中的边界"显示"复选框来控制视图边界是否显示。

通过首选项的设置，可以预设图样生成的工作环境及默认参数，从而提高工作效率和质量。

提示：一般来说企业对工程图格式规范要求都比较明确、严格，因此在创建工程图之前，要将首选项中的各个选项设定好。

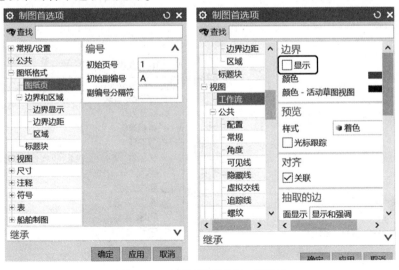

图 5-4　"制图首选项"对话框

3）工程图创建流程（见表5-2）

表5-2　工程图创建流程

步骤	工作内容	操作要点
1	创建工程图	选择图纸大小规格，视图比例，尺寸单位（毫米、英寸），投影方式（一角法、三角法）
2	基本视图和视图投影	投影主视图（前视图、俯视图、左视图等），合理布局
3	补充、细化视图	生成所需的剖视图、局部放大图等
4	尺寸、精度标注	尺寸及公差的标注、形位公差的标注、表面粗糙度的标注
5	文本标注	技术条件、标题栏、零件清单等必要的文字说明

2. 图纸页操作

1）新建图纸页

进入工程图界面后，工程图的视图工具都是灰色的，只有创建图纸以后才能进行视图操作。可以在工程图环境中，选择主菜单【插入】→【图纸页】或者单击"图纸"工具栏工具按钮，打开"图纸页"对话框，进行工程图纸的创建，如图5-5所示。

"图纸页"对话框的各选项具体含义：

【图纸页名称】指定所创建非工程图纸的名称。名称最多可包含30个字符，但不能含有中文、空格等特殊字符。

【图幅大小】选择使用模板、标准尺寸和定制尺寸三种形式之一确定图纸大小，一般选择"标准尺寸"选项。

【比例】确定投影视图的显示比例，分子为图纸中的长度，分母为实际代表的长度。

【单位】确定标注尺寸数字的单位，可为英寸或毫米。我国的标准是公制单位。

【投影方式】第一角投影或第三角投影方式。我国机械制图标准常用的是第一角投影。

在"图纸页"对话框中设置完成后，单击"确定"按钮进入图纸页面，"部件导航器"中出现创建的图纸页，如图5-6所示。

图5-5　"图纸页"对话框

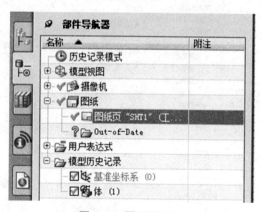

图5-6　图纸页特征

2）编辑图纸页

当图纸页生成之后，可以通过部件导航器，在需要编辑的图纸页处单击右键，出现的快捷菜单中选择"编辑图纸页"，如图5-7所示，即可打开"图纸页"对话框，从中修改图样大小、比例、单位等项目。

图5-7　编辑图纸页

3）删除图纸页

当需要删除图纸页时，可以在导航器中查找到要删除的图纸页，右击该图纸页标识，在弹出的快捷菜单中选择删除命令即可。

3. 视图的创建

创建好工程图纸后，就可以向工程图纸添加所需要的视图，如基本视图、投影视图、轴测图等。

基本视图是基于三维实体模型添加到工程图纸上的视图，所以又称为模型视图。除基本视图外的视图都是基于图纸页上的其他视图建立的。被用来当作参考的视图称为父视图，每添加一个视图，除基本视图，都需要指定父视图。

除基本视图外的视图包括投影视图、局部放大图、剖视图、半剖视图、旋转剖视图、折叠剖视图、展开的点到点剖视图、展开的点到角度剖视图、定向剖视图、断开剖视图、局部剖视图、轴测剖视图和轴测半剖视图等。

1）基本视图

新建图纸页后，可以使用菜单【插入】→【视图】→【基本】，或者单击"图纸"工具栏中工具按钮，或者在"部件导航器"中对应图纸页上选择右键菜单【添加基本视图】激活命令，系统弹出"基本视图"对话框，如图5-8所示。可以在一张图纸上创建一个或多个基本视图。基本视图可以是独立的视图，也可是其他图纸类型的父视图。

"基本视图"对话框主要选项含义：

【部件】从指定的部件添加视图。

【视图原点】指定将要创建的视图的放置位置。

【模型视图】选择已经存在的模型视图作为基本视图。

【比例】为将要创建的基本视图创建一个特定的比例值。

【设置】设置基本视图的视图样式。

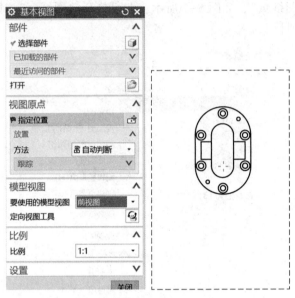

图 5-8　"基本视图"对话框

2）投影视图

投影视图是根据所选父视图创建相应的正交视图或辅助视图。在"图纸"工具栏中单击图标按钮，弹出"投影视图"对话框，如图 5-9 所示。

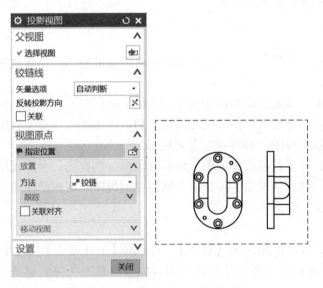

图 5-9　"投影视图"对话框图

"投影视图"对话框各选项具体含义：

【父视图】选取其他视图作为父视图。

【铰链线】使用铰链线定义投影方向。

【视图原点】指定将要创建的视图的放置位置。

【设置】设置基本投影视图的视图样式。

【投影视图】创建基本步骤：

单击【菜单】→【插入】→【视图】→【投影】，弹出【投影视图】对话框，并且所创建的基本视图自动被作为投影视图父视图，由于【铰链线】默认为【自动判断】，所以移动光标，系统的铰链线及投影方向都会自动改变，移动光标至合适位置处单击左键，即可添加一正交投影视图。

3）剖视图

剖视图是以一个假象平面为剖切面，对视图进行整体的剖切操作，可以创建具有剖切性质的视图，包括简单剖视图/阶梯剖视图、半剖视图、旋转剖视、点到点剖视。要创建剖视图，可以通过选择菜单【插入】→【视图】→【截面】、单击"图纸"工具栏中工具按钮 、在"部件导航器"中对应视图上选择右键菜单"添加剖视图"、在绘图区选中对应的视图后选择右键菜单"添加剖视图"激活命令，打开如图 5-10 所示的"剖视图"对话框。

图 5-10　"剖视图"对话框

"剖视图"对话框各选项具体含义：

【截面线】创建基于草图的独立截面线，可用于创建剖视图。

【铰链线】设置剖视图的查看方向。

【截面线段】设置视图的剖切位置，用于创建阶梯剖视图。

【父视图】选择一个基本视图作为父视图。

【放置视图】用于指定创建的视图的放置位置。

【设置】设置剖切线样式和视图样式。

【预览】提供了 3D 查看剖切平面和效果以及移动视图。

（1）全剖视图/阶梯剖视图。

"全剖视图"创建基本步骤：

单击主菜单【插入】→【视图】→【剖视图】按钮，在"方法"栏里面选择【简单剖/阶梯剖】，并选择要剖切的视图，即选择父视图，定义剖切位置，将图标移出视图并移动到适当位置，单击左键以放置剖视图，如图 5-11 所示。

"阶梯剖视图"创建基本步骤：

单击主菜单【插入】→【视图】→【剖视图】按钮，在"方法"栏里面选择【简单剖/阶梯剖】，并选择要剖切的视图，即选择父视图，定义剖切位置，右键单击并选择"截面线段"按钮，根据需要连续选择要通过的点，之后可调整竖线位置，然后在对话框的放置方法中选择"竖直"，并将光标移至所需要的位置，单击鼠标左键放置视图，如图5-12所示。

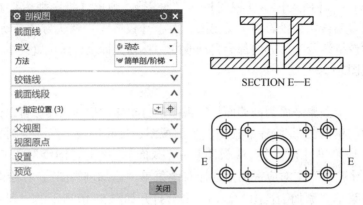

图 5-11 "剖视图"对话框与操作

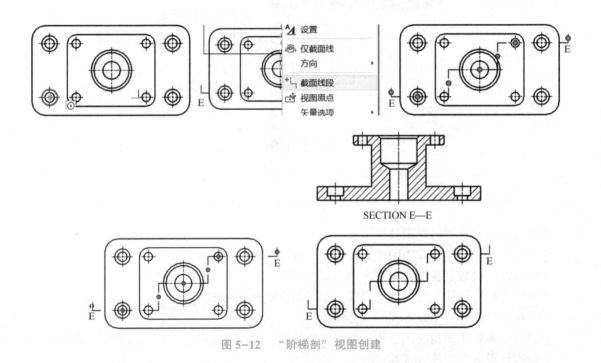

图 5-12 "阶梯剖"视图创建

（2）半剖视图。

半部视图是指当零件具有对称平面时，向垂直于对称平面的投影所得到的图形。

"半剖视图"创建基本步骤：

单击主菜单【插入】→【视图】→【剖视图】按钮，在"方法"栏里面选择"半剖"，并选择要剖切的视图，定义被剖切的位置，指定截面线段上的两个点，如图5-13所示选择右边线中点和中间圆的圆心，将半剖视图移动到合适位置，单击左键，即可完成相关的操作。

（3）旋转剖视图。

旋转剖视图是用两个成定角度的剖切面剖开机件，以表达具有回转特征机件的内部形状的视图。使用"旋转剖视图"命令可以创建围绕轴旋转的剖视图。旋转剖视图可包含一个旋转剖面，也可以包含阶梯以形成多个剖切面。单击【插入】→【视图】→【剖视图】按钮，在"方法"栏里面选择"旋转"，弹出"剖视图"对话框，如图5-14所示。

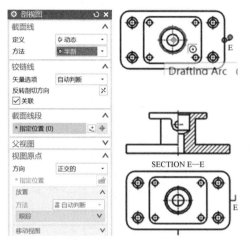

图5-13　"半剖视图"创建

图5-14　"旋转剖视图"对话框

"旋转剖视图"创建的基本步骤如图5-15所示：选择父视图，选择视图中大圆的圆心为旋转中心，指定第一段通过的点，选择大圆的上象限点；然后指定第二段通过的点，选择螺纹孔的圆心，单击对话框中"截面线段"下的"指定支线2位置"选项，指定新通过的点，选择如图5-16所示沉头孔的圆心，然后点按其中的小圆点移动，将第二段剖切线移动至图示位置。最后，选择对话框中"指定位置"选项，将所创建的视图移动至合适位置，单击左键，完成旋转剖视图。

（4）点到点剖视图

点到点剖视图是使用任何父视图中连接一系列指定点的剖切线来创建一个展开的剖视图。

点到点剖视图创建基本步骤：单击【插入】→【视图】→【剖视图】按钮，弹出"点到点"对话框，在"方法"栏里面选择"点到点"，如图5-16所示选择父视图中的边作为剖切线方向，依次选择点1、2、3、4作为旋转中心，单击"放置视图"将视图放到合适位置，单击左键，结果如图 5-16 所示。

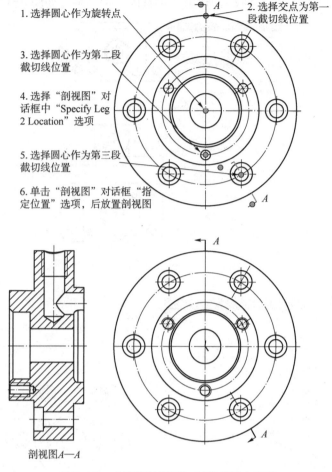

1. 选择圆心作为旋转点
2. 选择交点为第一段截切线位置
3. 选择圆心作为第二段截切线位置
4. 选择"剖视图"对话框中"Specify Leg 2 Location"选项
5. 选择圆心作为第三段截切线位置
6. 单击"剖视图"对话框"指定位置"选项，后放置剖视图

剖视图A—A

图 5-15　"旋转剖视图"创建的基本步骤

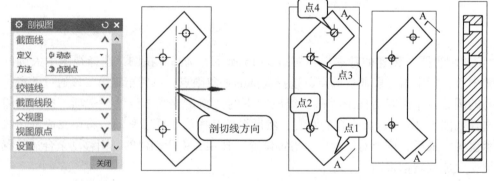

图 5-16　"点到点剖视图"创建

4）局部剖视图

局部剖视图是指用剖切平面剖开零件的一部分，这样既可以表达部分内部结构，又可以更多的表达外部结构。局部剖视图常用于表达零件上的小孔、槽、凹坑等局部结构。可以通过选择主菜单【插入】→【视图】→【局部剖】或单击"图纸"工具栏按钮，系统激活

"局部剖"对话框，如图5-17所示。

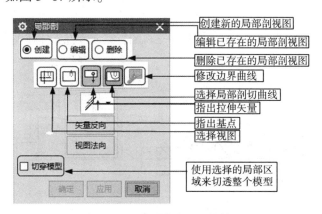

图5-17 "局部剖"对话框

生成局部剖视图的操作步骤：

（1）创建边界曲线。在需要局部剖的视图边框上，单击鼠标右键，在弹出的快捷菜单中选择"扩大"，进入试图扩展环境。使用艺术样条在准备局部视图剖的位置绘制封闭的边界曲线，然后单击鼠标右键，在弹出的快捷菜单中选择"扩大"命令，退出扩展环境。

（2）单击图标按钮，在反映剖切位置的视图上指定基点。

（3）指定拉伸方向或接受默认方向，选择已经定义好的边界曲线为局部剖切曲线。

（4）单击"应用"按钮，完成局部剖视图的创建。

4. 尺寸标注

尺寸是工程制图的重要内容，用于标识对象的形状大小和位置。尺寸标注包括线性、直径等各类尺寸的标注，同时还可以标注尺寸公差。在制图环境下单击快捷键D或在工具栏单击图标按钮，系统弹出"快速尺寸"对话框。另外，可以选择【插入】→【尺寸】菜单中标注尺寸类型进行图形的尺寸标注，如图5-18所示。标注方法与草图尺寸标注方法类似，这里不再赘述。

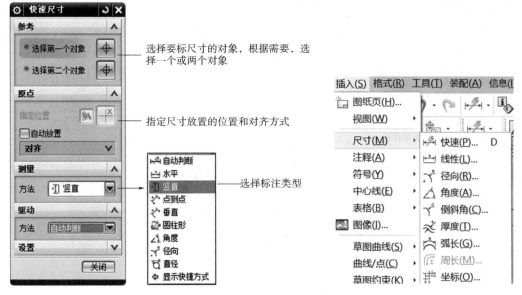

图5-18 "快速尺寸"对话框和尺寸类型列表

课后延拓任务：根据如图 5-19 所示的零件三视图，完成零件实体建模和工程图视图的创建。

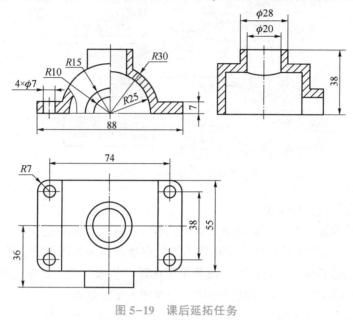

图 5-19　课后延拓任务

任务评价

根据任务完成情况，填写任务实施评价表 5-3。

表 5-3　任务实施评价表

任务名称		支座零件工程图创建			
班级			姓名		
地点			日期		
第___小组成员					
序号	评价内容	分值	自评（25%）	小组评价（25%）	教师评价（50%）
1	学习态度	5			
2	课前尝试任务完成度	15			
3	课中工作任务完成度	30			
4	课后探索任务完成度	25			
5	任务实施方案的多样性	10			
6	完成的速度	5			
7	小组合作与分工	5			
8	学习成果展示与问题回答	5			
总分		100	合计：		
问题记录和解决方法	实施中出现的问题和采取的解决方法				

任务目标

1. 掌握阶梯轴零件工程图的特点。
2. 掌握创建移出断面图、断裂视图、局部放大视图的方法。
3. 掌握视图的编辑方法。
4. 能够完成典型阶梯轴零件工程图创建。
5. 能够进行移出断面图、断裂视图、局部放大视图的创建。
6. 能够进行视图的编辑。
7. 通过阶梯轴零件工程图创建，能对制图模块有更深入的认识，理解机械设计中二维工程图与三维实体的关联性，为培养工程人员在从事技术工作中应具备的素养和品质奠定基础。
8. 养成面对问题从多方面思考与自主寻找解决办法的意识和习惯。

工作任务

根据已创建的阶梯轴零件实体，生成如图 5-20 所示零件的工程图。

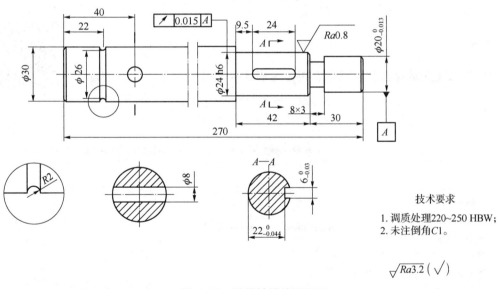

图 5-20　阶梯轴零件工程图

任务分析

阶梯轴工程图由主视图、移出剖面和局部放大图组成，其中主视图是断开视图，是典型的轴类零件。通过该零件工程图的制作，使读者熟练掌握工程图中移出剖面、局部放大视图和尺寸标注等工具的用法，对于其他轴类零件造型具有一定的借鉴作用。

课前尝试任务：根据如图 5-21 所示的零件三视图，完成零件实体建模和工程图的创建。

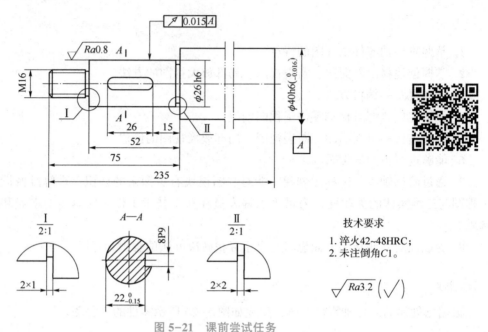

图 5-21　课前尝试任务

技术要求

1. 淬火42~48HRC；
2. 未注倒角C1。

任务实施

建议先自主完成课前尝试任务，再参考表 5-4 完成阶梯轴工程图创建。

表 5-4　阶梯轴工程图创建的实施过程

1	创建图纸页 （1）打开"源文件"文件夹中"阶梯轴.prt"；单击工具栏中【启动】→【制图】，进入工程图模块，系统打开工程图界面	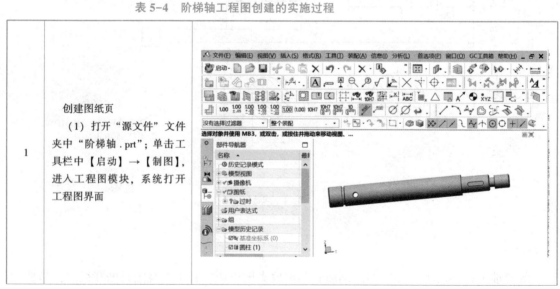

1	（2）选择工具栏"新建图纸页" ，在"图纸页"对话框中做如右图设置，确定打开空白图纸页。 （3）选择工具栏"替换模板" ，在"工程图模板替换"对话框中做如右图设置，确定打开带图框空白图纸页	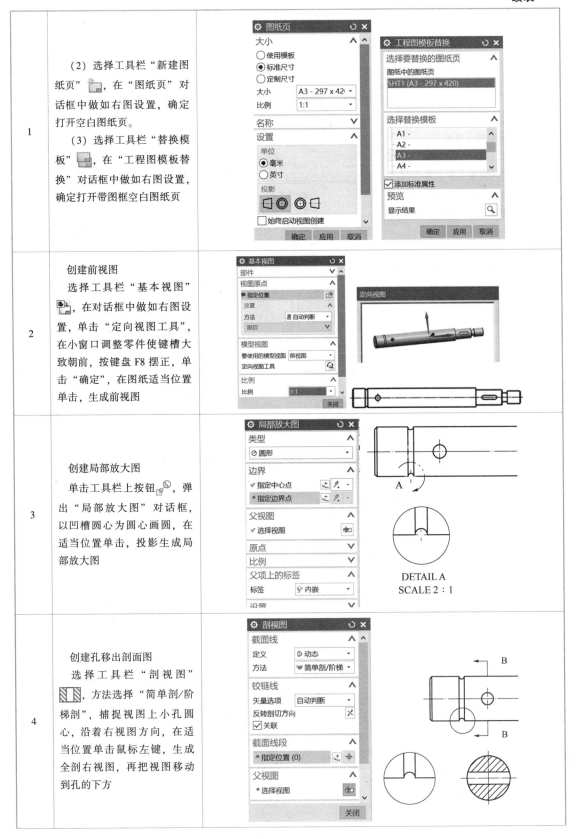
2	创建前视图 选择工具栏"基本视图" ，在对话框中做如右图设置，单击"定向视图工具"，在小窗口调整零件使键槽大致朝前，按键盘 F8 摆正，单击"确定"，在图纸适当位置单击，生成前视图	
3	创建局部放大图 单击工具栏上按钮 ，弹出"局部放大图"对话框，以凹槽圆心为圆心画圆，在适当位置单击，投影生成局部放大图	
4	创建孔移出剖面图 选择工具栏"剖视图" ，方法选择"简单剖/阶梯剖"，捕捉视图上小孔圆心，沿着右视图方向，在适当位置单击鼠标左键，生成全剖右视图，再把视图移动到孔的下方	

5	创建断开视图 选择工具栏"断开视图" ，类型选择"常规"，如 右图所示参数设置，在要断 开的适当位置单击鼠标左键， 生成断开视图	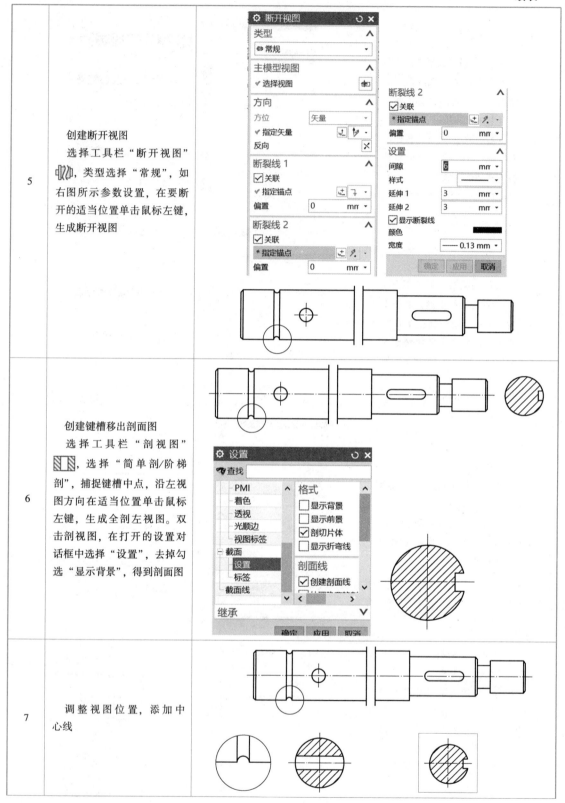
6	创建键槽移出剖面图 选择工具栏"剖视图" ，选择"简单剖/阶梯 剖"，捕捉键槽中点，沿左视 图方向在适当位置单击鼠标 左键，生成全剖左视图。双 击剖视图，在打开的设置对 话框中选择"设置"，去掉勾 选"显示背景"，得到剖面图	
7	调整视图位置，添加中 心线	

8	标注尺寸等 （1）单击工具栏"快速尺寸"图标⚡，标注尺寸。 （2）单击工具栏图标Ⓐ和▱┐，标注基准和几何公差。 （3）单击工具栏图标√，标注粗糙度	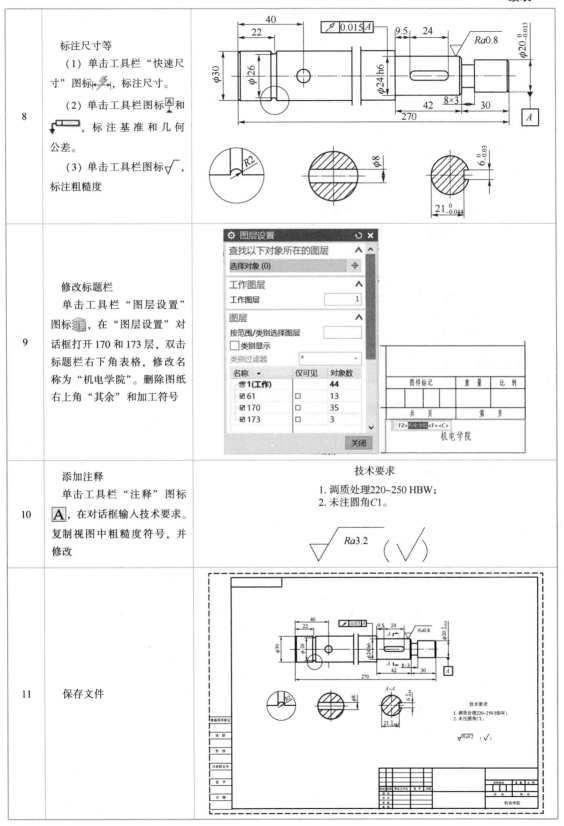
9	修改标题栏 单击工具栏"图层设置"图标▤，在"图层设置"对话框打开170和173层，双击标题栏右下角表格，修改名称为"机电学院"。删除图纸右上角"其余"和加工符号	
10	添加注释 单击工具栏"注释"图标Ⓐ，在对话框输入技术要求。复制视图中粗糙度符号，并修改	
11	保存文件	

1. 局部放大图

当机件上某些细小结构在视图中表达不够清楚或者不方便标注尺寸时，可将该部分结构用大于原图的比例画出，得到的图形为局部放大图。其边界可定义为圆形，也可为矩形。

单击"图纸"工具栏上的图标按钮 ，弹出如图 5-22 所示的"局部放大图"对话框。

"局部放大图"对话框各选项具体含义：

【类型】选择局部放大图的边界类型。

【边界】创建局部放大图的边界。

【父视图】选择将创建的局部放大图的父视图。

【原点】指定将要创建的视图的放置位置。

【比例】为将要创建的局部放大图创建一个特定的比例值。

【父项上的标签】提供在父视图上放置标签选项。

【设置】设置局部放大图的视图样式。

"局部放大图"创建基本步骤：

单击主菜单【插入】→【视图】→【局部放大图】，弹出"局部放大图"对话框，首先选择放大图的边界类型，然后在视图中指定要放大处的中心点，接着指定放大图的边界点，设置放大比例，最后在绘图区中适当的位置放置视图即可。

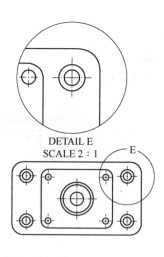

图 5-22　"局部放大图"对话框

2. 断开视图

使用"断开视图"命令可以创建、修改和更新带有多个边界的压缩视图，但不能应用于剖视图、局部视图以及带有小平面表示的视图，适用于细长零件视图的表达。在工具栏中单击图标按钮，弹出如图 5-23 所示的"断开视图"对话框。

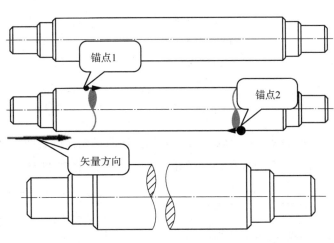

图 5-23　"断开视图"对话框

"断开视图"对话框各选项具体含义：

【类型】可以选择单侧和双侧常规断裂形式。

【方向】断裂矢量方向选择。

【断裂线】断裂线位置选择及偏置距离设定。

【设置】断裂面之间间距、断裂线样式以及线宽和颜色设定。

断开视图创建基本步骤：在"断开视图"对话框中，选择断开"类型"为"常规"，选择断裂线锚点位置，然后设置断裂面"样式"及断裂面之间间隙，其他参数默认，设置完毕，单击"确定"，创建断裂视图。

3. 截面线的创建

截面线是用于在创建剖切视图的过程中对所需要的视图方向进行自由剖切的线条。截面线创建基本步骤：

（1）在"图纸"工具栏中单击图标，弹出"截面线"对话框，如图 5-24 所示。

图 5-24　"截面线"对话框

（2）选择被创建剖视图的视图作为父视图，进入截面线的草绘创建界面，如图 5-25 所示。

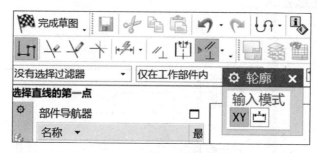

图 5-25　"截面线"草绘界面工具栏

（3）选择想要创建截面线的交点，并创建相应的直线，如图 5-26 所示。

（4）单击 ✅ 完成截面线的相应的操作，如图 5-27 所示。

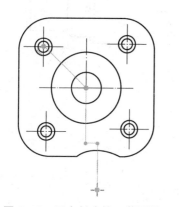

图 5-26　正在创建的"截面线"

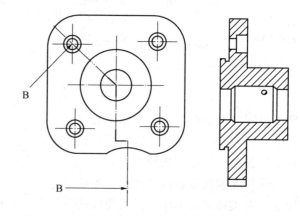

图 5-27　已创建的"截面线"和用以生成的剖视图

4. 视图编辑

视图编辑是对视图中的几何对象进行编辑和修改，包括移动与复制、对齐视图、移除视图、编辑剖切线等。

1）移动/复制视图

单击"图纸"工具栏上的图标按钮 🖼️ 或单击主菜单【编辑】→【视图】→【移动/复制】，弹出如图 5-28 所示"移动/复制视图"对话框，选择移动或复制方式，然后选择需要移动/复制视图，拖动鼠标至合适位置，单击鼠标左键即可，也可以直接在图纸中选择要操作的视图拖动。

2）对齐视图

单击"图纸"工具栏上图标按钮 🖼️，或单击主菜单【编辑】→【视图】→【对齐】选项后，弹出如图 5-29 所示的"视图对齐"对话框。选择对齐方式后，再选择需要对齐的两个视图，按鼠标左键即可，也可以直接在图纸中选择要操作的视图拖动。

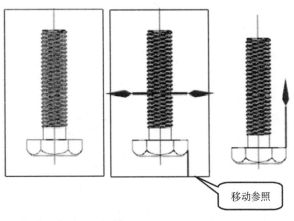

图 5-28　"移动/复制视图"对话框

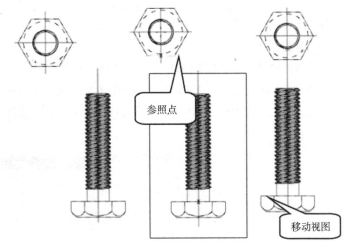

图 5-29　"视图对齐"对话框

3）移除视图

在绘图区域选择要删除的视图，然后按 MB3，在弹出的右键菜单中单击 Delete，即可移除所选视图，或者选择要删除的视图后直接单击键盘 Delete 键。

4）自定义视图边界

自定义视图边界是将所定义的矩形线框或封闭曲线为界限进行显示的操作。视图边界基本操作步骤：单击"图纸"工具栏上图标按钮 或单击主菜单【编辑】→【视图】→【边界】，弹出如图 5-30 所示"视图边界"对话框。选择一个视图，然后在下拉列表中选择边界方式，拖动鼠标左键形成矩形边界，或者通过"活动草图视图"创建边界，设定完边界后，单击"确定"即可。

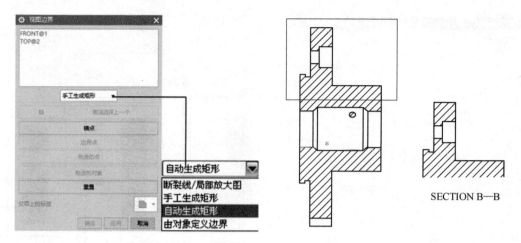

图 5-30　"视图边界"对话框与操作

"视图边界"类型包括3类，其基本含义：

【自动生成矩形】随模型的更改自动调整视图的边界。

【手工生成矩形】指定一矩形边界，则系统只显示指定矩形边界内的视图。

【断裂线/局部放大图】与手动生成矩形不同的是，断开线边界是由曲线工具所指定的任意形状的边界。利用该方式可方便地创建截断视图。

5）视图相关编辑

视图相关编辑是对视图中图形对象的显示进行编辑，同时不影响其他视图中同一对象的显示。单击"制图编辑"工具栏中图标按钮，或选择视图对象后在右键菜单中选择该图标，弹出如图5-31所示的"视图相关编辑"对话框。选择要编辑的视图后，对话框中的选项激活。

图 5-31　"视图相关编辑"对话框

该对话框中主要选项含义为：

（1）【添加编辑】。

[↓[【擦除对象】：将所选对象隐藏起来，无法擦除有尺寸标注的对象。

[↓[【编辑完全对象】：编辑视图或工程图中所选整个对象的显示方式。编辑的内容
包括颜色、线型、线宽。

[↓[【编辑着色对象】：编辑视图中某部分的显示方式。

[↓[【编辑对象段】：编辑视图中所选对象的某个片段的显示方式。

▦ 【编辑剖视图的背景】：编辑剖视图的背景。

（2）【删除编辑】。

[↑[【删除选择的擦除】：删除前面的擦除操作，使删除的对象显示出来。

[↑[【删除选择的编辑】：删除所选视图的某些修改操作，使编辑对象回到原来的显示状态。

[↑[【删除所有编辑】：删除所选视图先前进行的所有编辑。

（3）【转换相依性】。

▦ 【模型转换到视图】：转换模型中存在的单独对象到视图中。

▦ 【视图转换到模型】：转换视图中存在的单独对象到模型中。

6）更新视图

由于实体的模型更改或可见性更改，或者关联视图方位、关联视图锚点、关联视图边界
曲线、关联铰链线或追踪线的更改，图纸因此会过时，此时需要更新视图。更新视图可以更
新隐藏线、轮廓线、视图边界、剖视图、剖视图局部放大图等。单击"图纸"工具栏上的
图标按钮▦，弹出如图 5-32 所示的"更新视图"对话框。

"更新视图"各选项具体含义如下：

【选择视图】 在图纸中选取要更新的视图。

【选择所有过时视图】用于选择工程图中所有的过时视图。

【选择所有过时自动更新视图】用于自动选择工程图中所有过时的视图。

5. 注释添加

选择主菜单【插入】→【注释】，在菜单中可以选择注释类型，如图 5-33 所示。

图 5-32 "更新视图"对话框

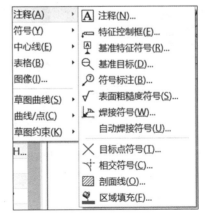

图 5-33 注释类型

单击其中的【注释】，弹出"注释"对话框，如图5-34所示。在"格式设置"框内输入如技术要求等各种文字，放置到指定位置即可。在输入文本时还可以插入各种符号和表格。

单击其中的【特征控制框】，弹出"特征控制框"对话框，如图5-35所示，可以进行直线度、平面度、同轴度等几何公差标注。设定好精度类型、精度要求及参考基准后，用鼠标左键单击需要标注的线段，按住鼠标进行拖曳，即出现指引线，这时松开鼠标，将符号框放置到合适的位置即可。

图5-34 "注释"对话框

图5-35 "特征控制框"对话框

单击其中的【基准特征符号】，弹出"基准特征符号"对话框，如图5-36所示，可以进行基准符号的标注。

单击其中的【表面粗糙度】，弹出"表面粗糙度"对话框，如图5-37所示，选择所需的符号，并输入表面粗糙度数值后，选择需要标注的表面，即可完成表面粗糙度的标注。

图5-36 "基准特征符号"对话框

图5-37 "表面粗糙度"对话框

任务延拓

课后延拓任务：创建项目2工作任务2.1、2.2、2.3、2.4三维实体的二维工程图。

任务评价 NEWST

根据任务完成情况，填写任务实施评价表 5-5。

表 5-5 任务实施评价表

任务名称	阶梯轴零件工程图创建				
班级			姓名		
地点			日期		
第___小组成员					
序号	评价内容	分值	自评 （25%）	小组评价 （25%）	教师评价 （50%）
1	学习态度	5			
2	课前尝试任务完成度	15			
3	课中工作任务完成度	30			
4	课后探索任务完成度	25			
5	任务实施方案的多样性	10			
6	完成的速度	5			
7	小组合作与分工	5			
8	学习成果展示与问题回答	5			
总分		100	合计：		
问题记录和 解决方法	实施中出现的问题和采取的解决方法				

项目小结

通过本项目的学习，掌握 UG NX 制图模块的工作界面和基本设置，掌握工程图图纸的生成方法和管理，掌握工程图视图的创建和编辑。学会工程图的各种尺寸标注、公差和表面粗糙度的表达形式等，最终能够根据三维模型表达的需要，导出一份合格的工程图纸。

项目考核

一、填空题

1. 工程图中所包含的视图有基本视图、_____、剖视图和局部放大图。

2. 工程图的标注是为了表达零部件的_____，没有进行标注的工程图只能表达零部件的形状、装配关系等信息。

3. 在工程图的绘制过程中，如果原图样的规格、比例等参数不能满足要求，则可以对已有的工程图参数进行_____操作。

4. 在"图纸页"对话框中，系统提供了使用模板、_____和定制尺寸 3 种类型的图样创建方法。

5. 对工程图进行标注时，一般包括_____标注、_____标注、_____标注等方面的标注。

二、选择题

1. 当绘制箱体或多孔等内部结构比较复杂的模型工程图时，为了表达其内部结构，需要添加（　　）。

　　A. 剖视图　　　　　　　B. 基本视图　　　C. 投影视图　　　　　D. 放大视图

2. （　　）是将视图按照所定义的矩形线框或封闭曲线为界限进行显示的操作。

　　A. 对齐视图　　　　　　B. 定义视图边界　C. 编辑视图　　　　　D. 添加视图

3. 在创建（　　）剖视图时，需要首先绘制出该剖视图的剖视范围曲线。

　　A. 旋转　　　　　　　　B. 局部　　　　　C. 半　　　　　　　　D. 展开

4. 对齐视图包括 5 种对齐方式，其中（　　）可以以所选视图中的第一个视图的基准点为基点，对所有视图进行重合对齐。

　　A. 水平　　　　　　　　B. 竖直　　　　　C. 叠加　　　　　　　D. 垂直于直线

5. 在移动/复制视图的对话框中，（　　）复选框用于指定是移动视图还是复制视图。

　　A. 复制视图　　　　　　B. 移动视图　　　C. 偏置视图　　　　　D. 重复视图

三、判断题

1. 可以使用抑制的方式控制装配工程图的零件显示。　　　　　　　　　　　（　　）

2. 创建的局部剖视图无法删除。　　　　　　　　　　　　　　　　　　　　（　　）

3. UG 工程制图中可以直接使用草图绘制二维图而不用三维模型投影视图。　（　　）

4. UG 工程图中不可以人为修改尺寸。　　　　　　　　　　　　　　　　　（　　）

四、问答题

1. 简述插入各类视图的操作方法。

2. 标注工程视图的具体操作方法是什么？

3. 零件工程图和装配工程图的区别在哪里？

五、练习题

创建项目 2 工作任务 2.1、2.2、2.3、2.4 的拓展任务零件的二维工程图。

项目6 综合应用案例

选用通用夹具"机用虎钳"为案例，综合应用前5个项目所学的造型、装配及工程图工具，通过从零件建模、部件装配到工程图创建全过程，进一步提高工程图纸的读图能力，强化数字化设计的技能，掌握使用软件工具进行产品设计的思路和方法，全面巩固学习效果。

任务6.1 机用虎钳零件造型

任务目标

1. 熟练掌握 UG NX 软件建模模块的操作流程。
2. 熟练掌握草图绘制和实体建模的方法和技巧。
3. 能够正确识读零件图和装配图。
4. 能够应用软件工具进行实体建模。
5. 通过机用虎钳零件三维模型的创建，系统掌握 UG NX 软件建模模块的综合应用。
6. 通过学生自主完成学习任务，提高分析问题和解决问题的能力。

工作任务

完成如图6-1所示机用虎钳装配图中所有零件造型，为任务6.2机用虎钳装配做准备。

任务分析

根据机用虎钳装配图可知，虎钳由虎钳座、活动钳口、钳口板、丝杠、螺母块、紧固螺钉、紧固螺母、垫圈、螺母 M12、螺钉 M6×20 共 10 种零件组成。本任务完成所有零件造型，为下一任务做准备，其中垫圈在项目 1 入门案例中已完成，螺母 M12 和螺钉 M6×20 直接调用标准件。通过对零件图样分析确定造型方案，完成零件造型并创建零件工程图样。通过完成本任务，训练学生综合运用已学知识、技能解决实际问题的能力。

任务实施

1. 虎钳座造型

1）零件图样分析

虎钳座零件图样如图6-2所示，比较规则，主要由基本体、凸台及两侧固定耳板等组成，可用块、垫块、腔体、倒圆角、孔等特征命令创建，也可以通过草图拉伸法得到。

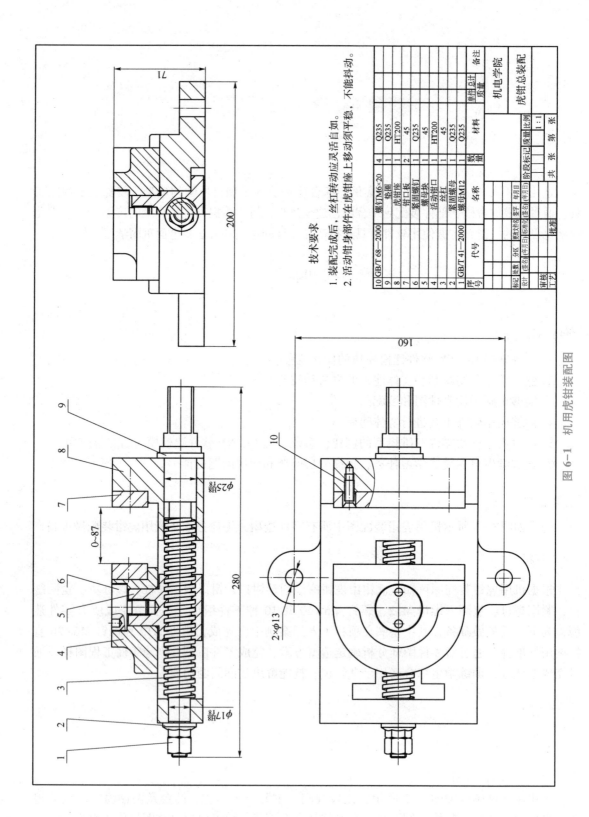

技术要求

1. 装配完成后，丝杠转动应灵活自如。
2. 活动钳身部件在虎钳座上移动须平稳，不能抖动。

序号	代号	名称	数量	材料	单件	总计	备注
					质量		
10	GB/T 68—2000	螺钉M6×20	4	Q235			
9		垫圈	1	Q235			
8		虎钳座	1	HT200			
7		钳口板	2	45			
6		紧固螺钉	1	Q235			
5		螺母块	1	45			
4		活动钳口	1	HT200			
3		丝杆	1	45			
2		紧固螺母	1	Q235			
1	GB/T 41—2000	螺母M12	1	Q235			

机电学院

虎钳总装配

比例 1:1

共 张 第 张

图 6—1 机用虎钳装配图

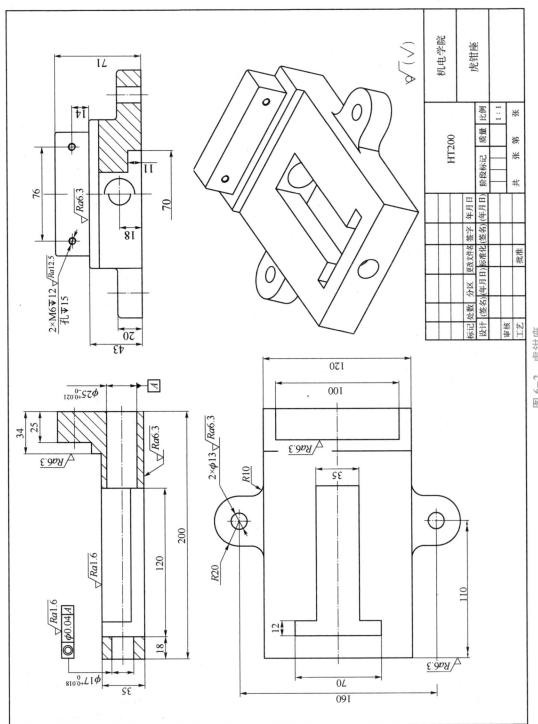

图 6-2 虎钳座

表 6-1　虎钳座建模过程

步骤	内容	图例	操作提示
1	立方体（块）		尺寸 200 mm × 120 mm × 35 mm 定位点（-200，-60，0）
2	垫块		尺寸 34 mm×120 mm×8 mm 定位：⊥
3	垫块		尺寸 25 mm × 100 mm × 28 mm 定位：⊥
4	腔体		尺寸 120 mm × 70 mm × 11 mm 定位：⊥、⊥ 18
5	腔体		尺寸 12 mm×70 mm×24 mm 定位：⊥、⊥ 18
6	腔体		尺寸 108 mm × 35 mm × 24 mm 定位：⊥、⊥ 30

步骤	内容	图例	操作提示
7	垫块		尺寸 40 mm×20 mm×40 mm 定位：⊥、⊤ 110
8	边倒圆		尺寸 R20 mm、R10 mm
9	镜像特征		以 XZ 为镜像面
10	孔		孔 φ13 mm
11	孔		孔 φ17 mm、φ25 mm

步骤	内容	图例	操作提示
12	螺孔		螺孔 M6×12，距离 76 mm
13	边倒圆		尺寸 R2 mm

2. 活动钳口造型

1) 零件图样分析

活动钳口零件图样如图 6-3 所示，主要由基本体和沉头孔部分组成，可以使用块、圆柱体、拉伸、倒圆角、孔等特征命令创建。

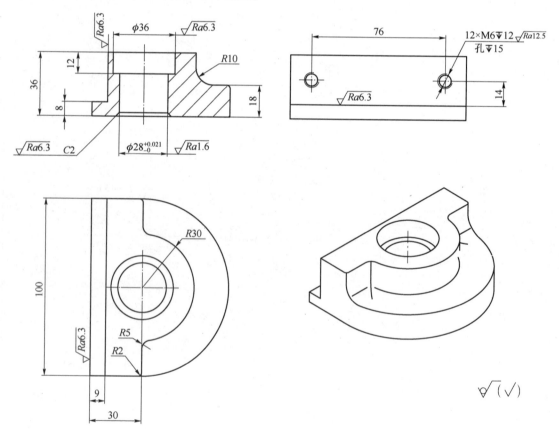

图 6-3　活动钳口

2）参考造型方案（见表6-2）

表6-2　活动钳口建模过程

步骤	内容	图例	操作提示
1	长方体（块）		尺寸 30 mm×100 mm×36 mm 定位点（-30，-50，0）
2	圆柱体		尺寸 100 mm×36 mm 定位：右下边线中点 布尔：求和
3	删除面		选择凸出的圆弧面
4	拉伸		圆弧偏置20 mm，深18 mm 布尔：求差
5	边倒圆		尺寸 $R10$ mm、$R5$ mm、$R2$ mm

步骤	内容	图例	操作提示
6	拉伸	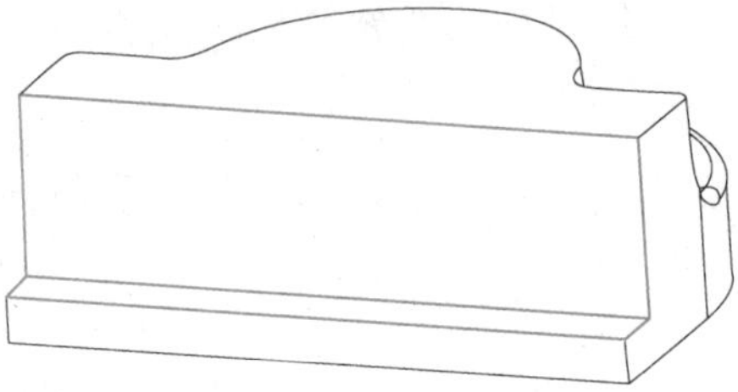	边线偏置 9 mm，深度 28 mm 布尔：求差
7	沉头孔	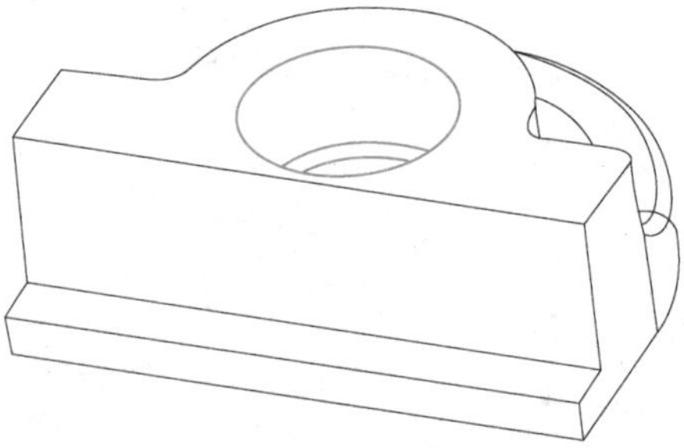	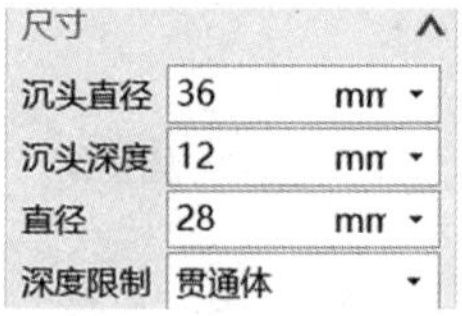 尺寸 沉头直径 36 mm 沉头深度 12 mm 直径 28 mm 深度限制 贯通体
8	螺孔	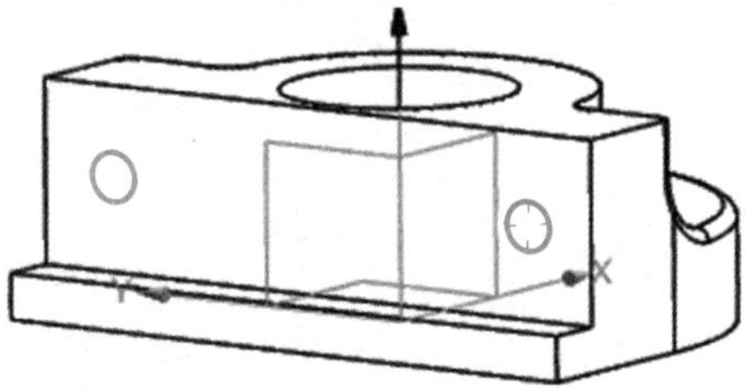	螺孔 M6 × 12，距离 76 mm
9	倒斜角	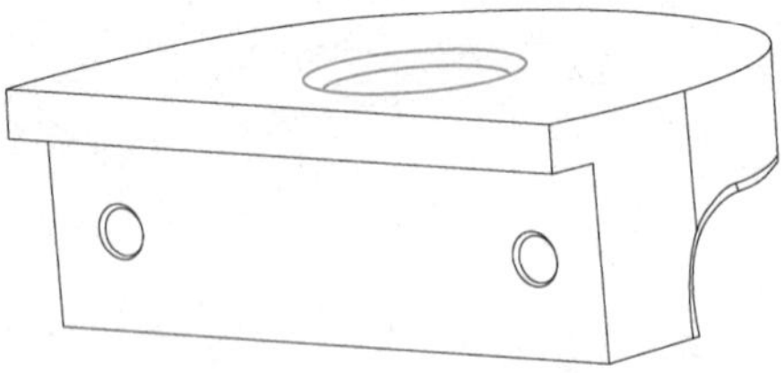	倒斜角 C2

3. 螺母块造型

1）零件图样分析

螺母块零件图样如图 6-4 所示，主要由长方体、圆柱体、孔和矩形螺纹部分组成，可以使用块、腔体、凸台、拉伸、螺旋线、扫掠、孔等特征命令完成创建。

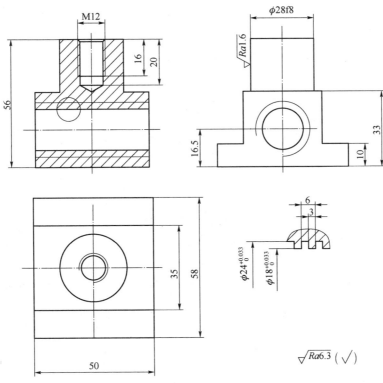

图 6-4 螺母块

2）参考造型方案（见表 6-3）

表 6-3 螺母块建模过程

步骤	内容	图例	操作提示
1	长方体（块）		尺寸 50 mm×58 mm×33 mm 定位点（-25，-29，0）
2	圆柱		尺寸 ϕ28 mm×56 mm 定位：坐标原点

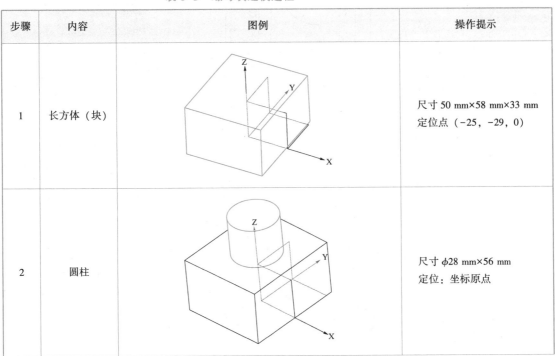

步骤	内容	图例	操作提示
3	腔体		尺寸 50 mm×11.5 mm×23 mm 定位：
4	镜像特征		以 XZ 为镜像面
5	螺孔		大小　M12 x 1.75 径向进刀　0.75 攻丝直径　10.3　mm 深度类型　定制 螺纹深度　16　mm 旋向 ⦿右旋 ○左旋 尺寸　⋀ 深度限制　值 深度　20　mm
6	简单孔		直径 18 mm，贯通
7	螺旋线		直径 18 mm，螺距 6 mm，高 60 mm

步骤	内容	图例	操作提示
8	插入任务环境中的草图绘制截面线		矩形 3 mm×3 mm
9	扫掠		
10	求差		

4. 丝杠造型

1）零件图样分析

丝杠零件图样如图 6-5 所示，属于轴类零件，主要由圆柱轴段、退刀槽和矩形螺纹部分组成，可以使用圆柱、凸台、拉伸、旋转、螺旋线、扫掠等特征命令创建。

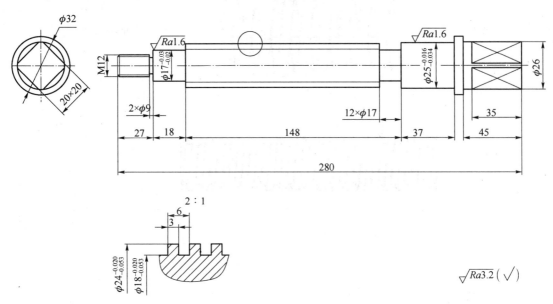

图 6-5　丝杠

2）参考造型方案（见表6-4）

表6-4 丝杠零件建模过程

步骤	内容	图例	操作提示
1	圆柱体		直径24 mm，高136 mm
2	螺旋线		直径18 mm，螺距6 mm，高145 mm
3	插入任务环境中的草图		矩形3.1 mm×3 mm
4	扫掠		矢量方向：X
5	求差		

步骤	内容	图例	操作提示
6	旋转	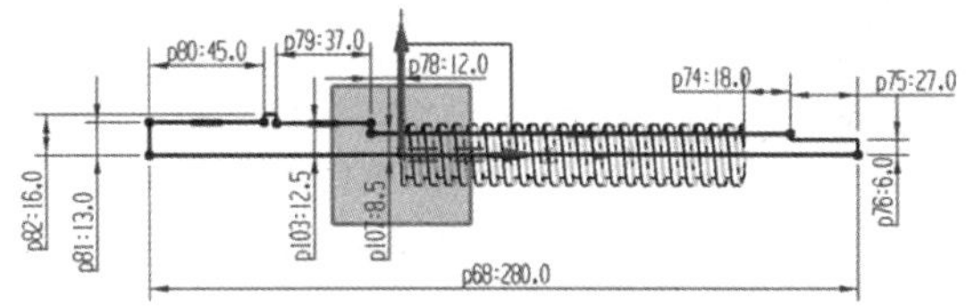 	布尔：求和
7	拉伸	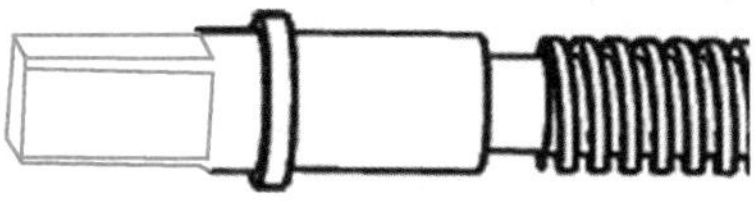	20 mm×20 mm，深35 mm 布尔：求差
8	矩形槽	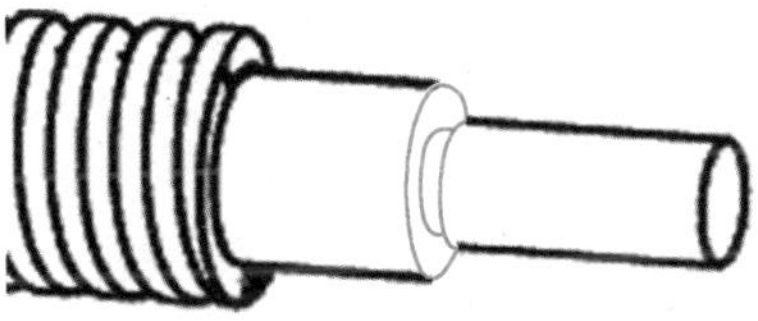	2 mm×φ9 mm
9	倒斜角	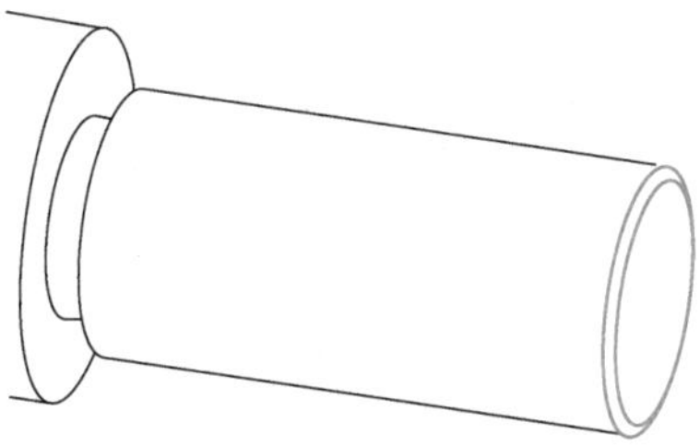	C0.5
10	螺纹	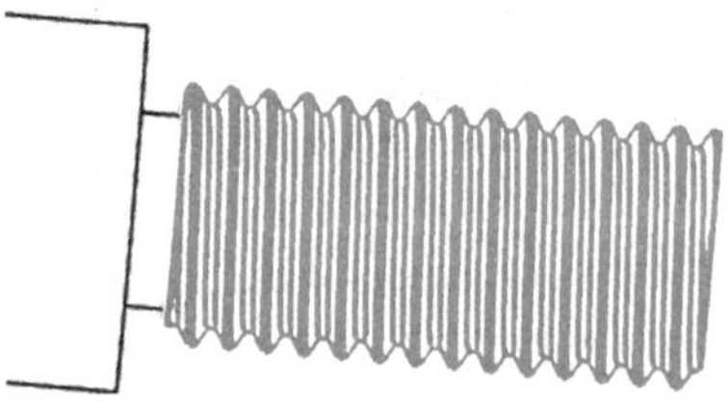	M12

5. 紧固螺钉造型

1）零件图样分析

紧固螺钉零件图样如图6-6所示，主要由圆柱体、退刀槽和孔组成，可以使用圆柱、槽、螺纹、孔等特征命令完成。

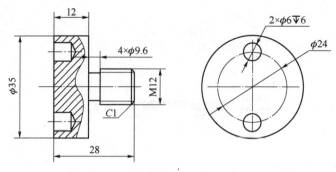

图 6-6　紧固螺钉

2）参考造型方案（见表 6-5）

表 6-5　紧固螺钉建模过程

步骤	内容	图例	操作提示
1	圆柱体		$\phi35$ mm×12 mm
2	圆柱体		$\phi12$ mm×16 mm
3	矩形槽		4 mm×$\phi9.6$ mm

步骤	内容	图例	操作提示
4	倒角		C1
5	螺纹		M12
6	简单孔		2×ϕ6 mm，深 6 mm

6. 钳口板造型

1）零件图样分析

钳口板零件图样如图 6-7 所示，主要由长方体和孔组成，用块和孔等特征命令即可完成创建。

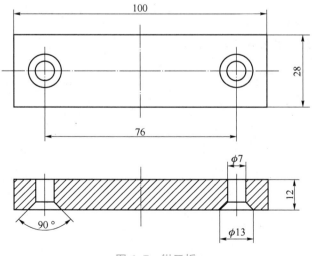

图 6-7 钳口板

2）参考造型方案（见表6-6）

表6-6 钳口板建模过程

步骤	内容	图例	操作提示
1	长方体		100 mm×12 mm×28 mm
2	埋头孔		$\phi13$ mm×$\phi7$ mm

7. 紧固螺母造型

1）零件图样分析

紧固螺母零件图样如图6-8所示，主要由六棱柱、圆柱、圆锥和孔组成，可以使用拉伸、圆柱、删除面、螺纹孔等特征命令创建。

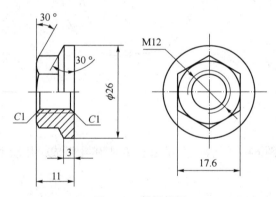

图6-8 紧固螺母

2）参考造型方案（见表6-7）

表6-7 紧固螺母建模过程

步骤	内容	图例	操作提示
1	拉伸		内切圆 $\phi17.6$ mm，高 11 mm

步骤	内容	图例	操作提示
2	圆柱体		外切圆，高 11 mm
3	倒斜角		1.338 2×30°
4	求交		
5	圆柱		φ26 mm×3 mm
6	圆锥		φ26×60°

步骤	内容	图例	操作提示
7	求和		
8	螺纹孔		M12

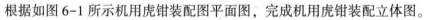

任务 6.2　机用虎钳装配

任务目标

1. 熟练掌握软件装配模块和工程图模块的操作流程与综合应用。
2. 熟练掌握产品装配图、爆炸图和工程图的创建方法和技巧。
3. 能够正确理解装配图中零部件的装配关系。
4. 能够应用软件工具进行虚拟装配并生成工程图。
5. 通过机用虎钳装配的典型案例，巩固机械部件自下而上装配的创建方法。
6. 通过学生自主完成学习任务，提高分析问题和解决问题的能力。

工作任务

根据如图 6-1 所示机用虎钳装配图平面图，完成机用虎钳装配立体图。

任务分析

按照机用虎钳实际装配流程，把总装配分为固定钳身部件、活动钳身部件和丝杠等零件分别进行装配。通过该任务的学习，巩固装配约束的使用方法，包括配对约束定义和编辑、部件的状态和编辑，掌握引用集、装配爆炸图、部件阵列的应用方法，能够根据装配表达需要创建合适的装配爆炸图，达到独立完成机械产品虚拟装配的工作需要。

任务实施

1. 固定钳身部件装配

1）装配图样分析

固定钳身部件是虎钳中固定不动的部件，由虎钳座、钳口板和螺钉共 3 种零件装配而成，组件之间没有相对运动。固定钳身部件装配关系如图6-9所示。

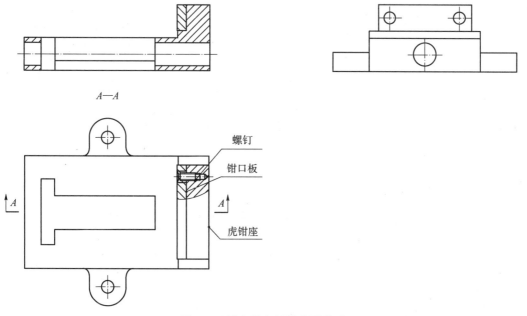

$A—A$

螺钉

钳口板

虎钳座

图6-9 固定钳身部件装配关系

2）装配方案设计

虎钳座是固定钳身部件装配的基础，采用绝对原点装配并进行固定。钳口板和虎钳座之间采用面接触、孔对齐的方法定位，使用"接触对齐丨接触"和"接触对齐丨自动判断中心"（对两孔分别约束）约束进行装配。螺钉和钳口板使用锥面配合及槽侧面与钳口板顶面平行的方法定位，使用"等尺寸匹配"和"平行"约束进行装配。

3）参考操作步骤（表6-8）

表6-8 固定钳身部件装配过程

1	新建装配文件：固定钳身部件.prt，指定保存路径至机用虎钳文件夹。进入部件装配环境	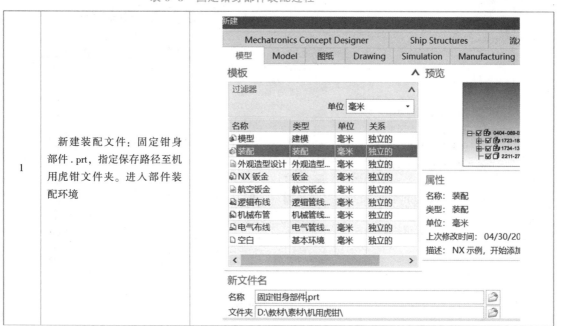

2	装配虎钳座 在"添加组件"对话框中，打开"虎钳座"，定位：绝对原点，如右图所示	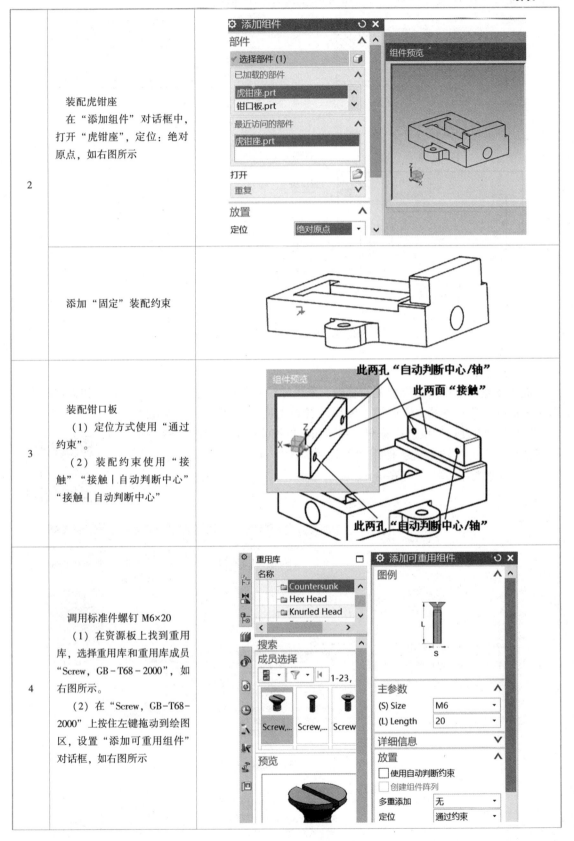
	添加"固定"装配约束	
3	装配钳口板 （1）定位方式使用"通过约束"。 （2）装配约束使用"接触""接触丨自动判断中心""接触丨自动判断中心"	
4	调用标准件螺钉 M6×20 （1）在资源板上找到重用库，选择重用库和重用库成员"Screw，GB–T68–2000"，如右图所示。 （2）在"Screw，GB–T68–2000"上按住左键拖动到绘图区，设置"添加可重用组件"对话框，如右图所示	

4	（3）取消"重定义装配"；选择"装配约束"，使用"等尺寸匹配""平行"进行约束。 使用"阵列组件"完成另一螺钉装配	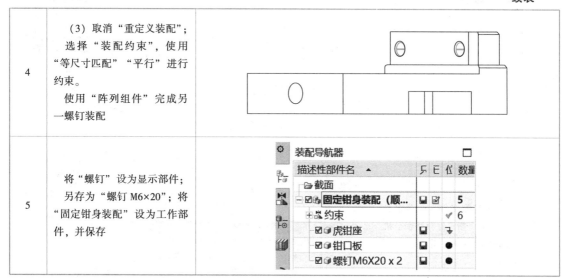
5	将"螺钉"设为显示部件；另存为"螺钉M6×20"；将"固定钳身装配"设为工作部件，并保存	装配导航器 描述性部件名 ▲ 数量 📁截面 固定钳身装配（顺... 5 约束 6 ☑虎钳座 ☑钳口板 ☑螺钉M6X20 x 2

2. 活动钳身部件装配

1）装配图样分析

活动钳身部件是虎钳中线性移动部件，装配关系如图6-10所示。活动钳身部件由活动钳口、钳口板、紧固螺钉、螺母块和螺钉共5种6个零件装配而成，组件之间没有相对运动。

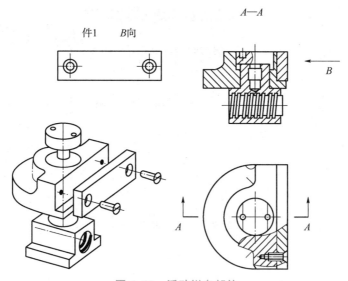

图6-10 活动钳身部件

2）装配方案设计

活动钳口是活动钳身部件装配的基础，它的位置是其他零件的定位基础，应该首先装配，并采用绝对原点装配并进行固定。钳口板使用"接触对齐｜接触"和"接触对齐｜自动判断中心"（对两孔分别约束）约束进行装配。螺钉使用"等尺寸匹配"和"平行"约束进行装配。

3) 参考操作步骤（表6-9）

表 6-9　活动钳身部件装配过程

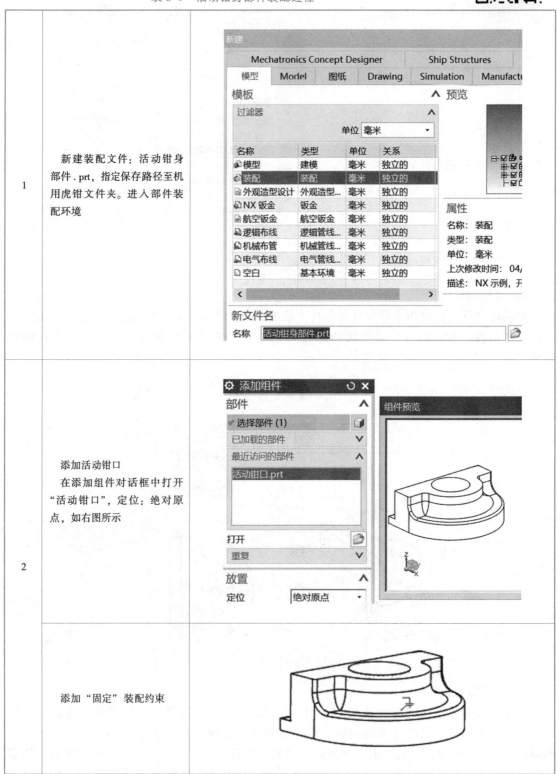

1	新建装配文件：活动钳身部件.prt，指定保存路径至机用虎钳文件夹。进入部件装配环境	
2	添加活动钳口 在添加组件对话框中打开"活动钳口"，定位：绝对原点，如右图所示	
	添加"固定"装配约束	

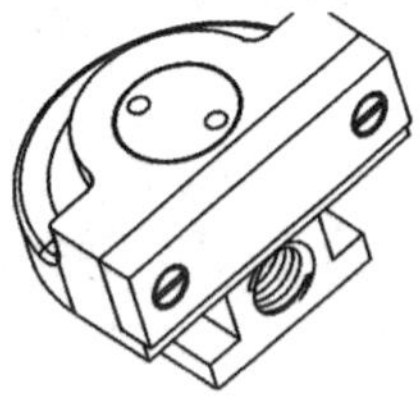

3	装配钳口板 （1）定位方式使用"通过约束"。 （2）装配约束使用"接触对齐｜接触""接触对齐｜自动判断中心"	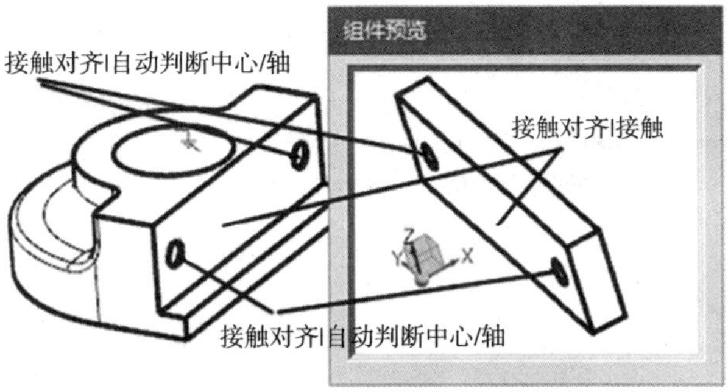
4	装配螺钉 M6×20 （1）定位方式使用"移动"，确定位置后调整方位； （2）装配约束使用"等尺寸匹配""平行"	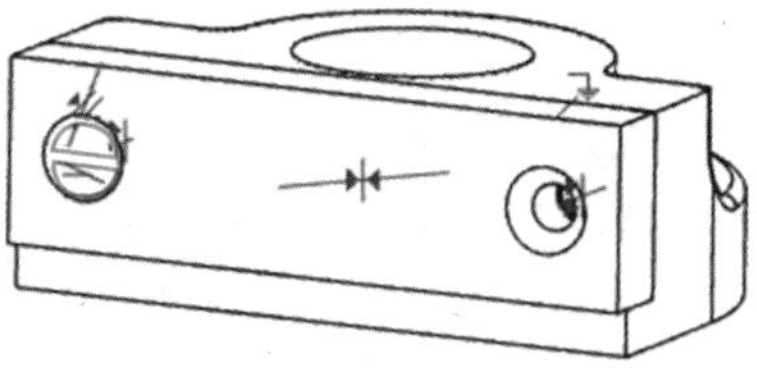
5	复制螺钉 使用"阵列组件"完成另一螺钉装配	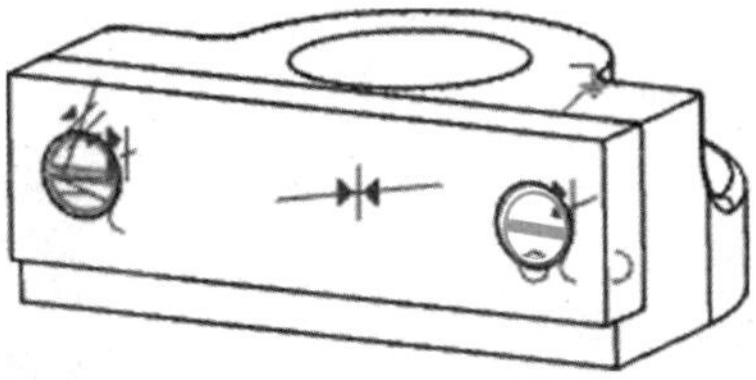
6	装配螺母块 装配约束为"接触对齐｜自动判断中心""平行"和"距离"。装配结果如右图所示	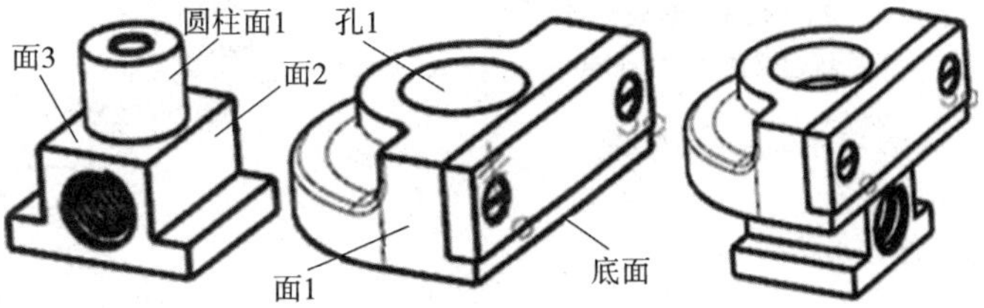
7	装配紧固螺钉 （1）装配约束为"接触对齐｜自动判断中心""接触"，装配结果如右图所示	
	（2）在装配导航器中使用"紧固螺钉"上的右键菜单项"替换引用集"改为"整个部件"。 （3）将图层 61 改为编辑状态，图形区显示如右图所示	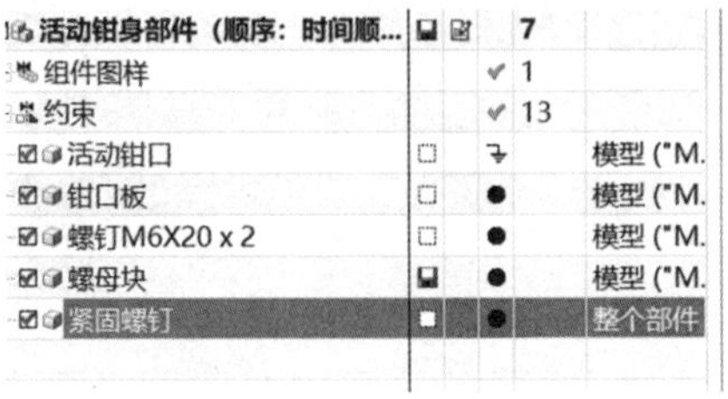 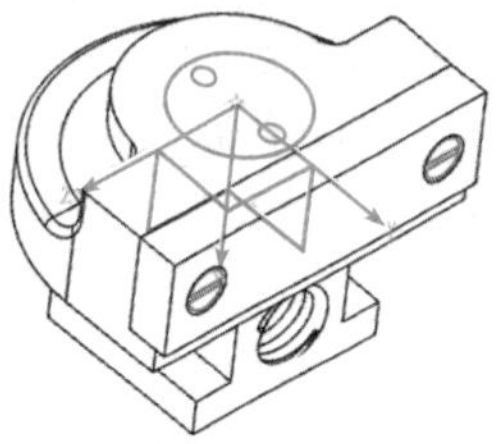

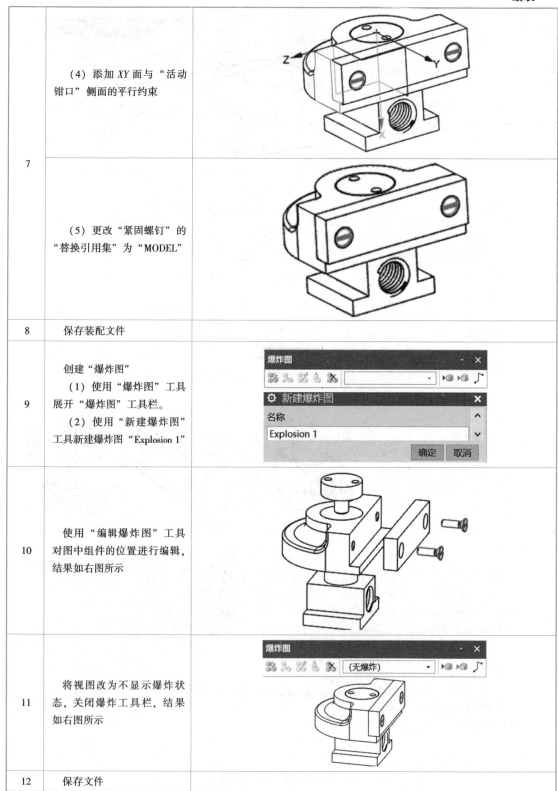

7	（4）添加 *XY* 面与"活动钳口"侧面的平行约束	
	（5）更改"紧固螺钉"的"替换引用集"为"MODEL"	
8	保存装配文件	
9	创建"爆炸图" （1）使用"爆炸图"工具展开"爆炸图"工具栏。 （2）使用"新建爆炸图"工具新建爆炸图"Explosion 1"	
10	使用"编辑爆炸图"工具对图中组件的位置进行编辑，结果如右图所示	
11	将视图改为不显示爆炸状态，关闭爆炸工具栏，结果如右图所示	
12	保存文件	

3. 虎钳总装配

1）装配图样分析

根据如图 6-1 所示虎钳装配图，总装图由固定部件固定钳身、移动部件活动钳身两个组件和旋转部件丝杠、螺母等零件组成。

2）装配方案设计

固定钳身部件是虎钳的基础部件，采用"绝对原点"装配并固定；活动钳身部件采用"通过约束"进行装配，约束条件采用"接触对齐丨接触""距离"和"中心丨2 对 2"，装配完成后应调整螺母块的高度方向位置，使得和丝杠配合的螺纹孔和丝杠同心。

丝杠采用"通过约束"装配，约束条件采用"接触对齐丨接触"和"接触对齐丨自动判断中心/轴"，装配完成后应对螺母块和丝杠进行干涉分析，并调整活动钳身的轴向位置。

3）参考操作步骤（见表 6-10）

表 6-10　虎钳部件总装配的操作步骤

1	新建装配文件：虎钳总装配 .prt，指定保存路径至机用虎钳文件夹。进入部件装配环境	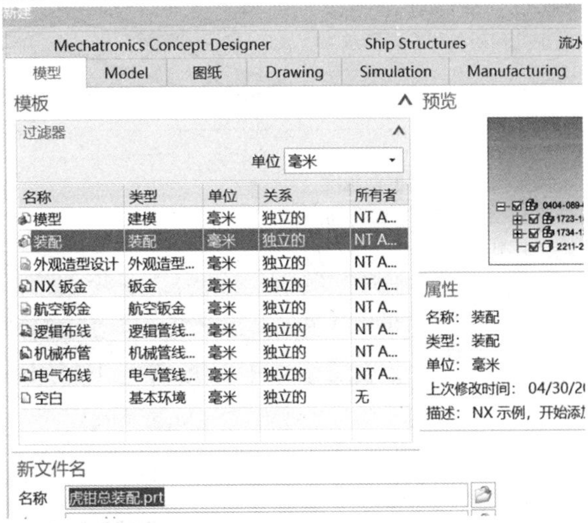
2	装配固定钳身部件 在添加组件对话框中打开"固定钳身部件"，定位：绝对原点，如右图所示	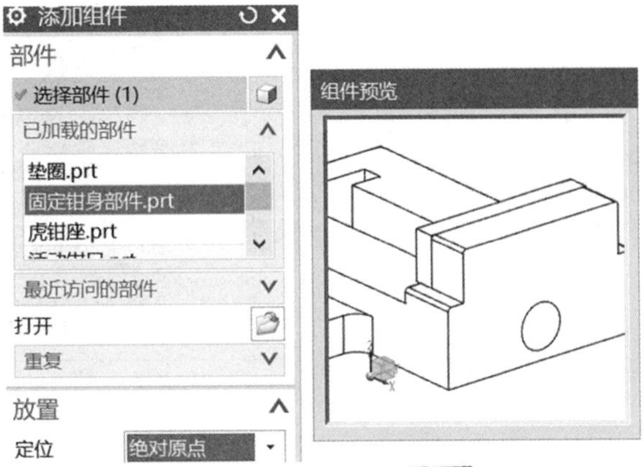
	添加"固定"装配约束	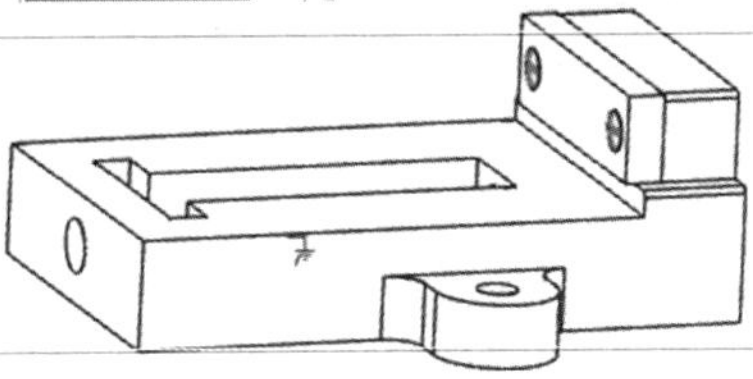

3	装配活动钳身部件 （1）定位方式使用"通过约束"或"移动"	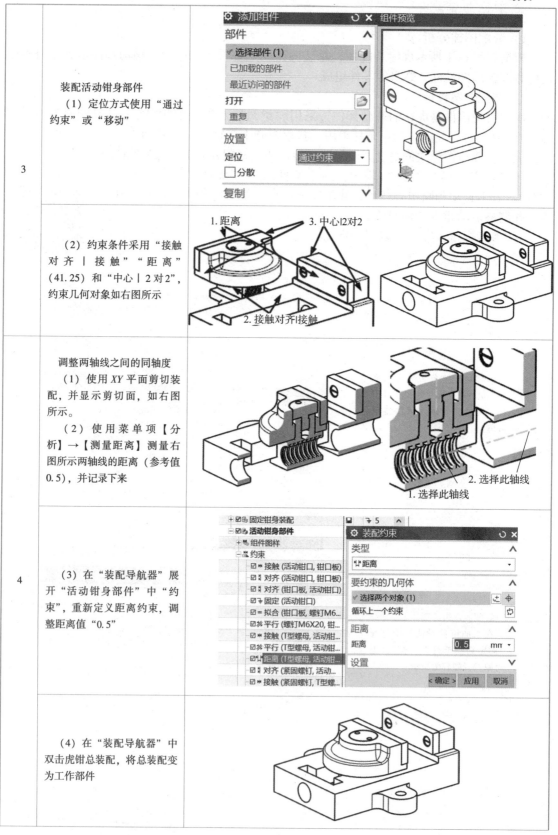
	（2）约束条件采用"接触对齐｜接触""距离"（41.25）和"中心｜2对2"，约束几何对象如右图所示	
4	调整两轴线之间的同轴度 （1）使用 XY 平面剪切装配，并显示剪切面，如右图所示。 （2）使用菜单项【分析】→【测量距离】测量右图所示两轴线的距离（参考值0.5），并记录下来	
	（3）在"装配导航器"展开"活动钳身部件"中"约束"，重新定义距离约束，调整距离值"0.5"	
	（4）在"装配导航器"中双击虎钳总装配，将总装配变为工作部件	

5	装配垫圈 (1) 定位方式使用"通过约束"。 (2) 装配约束使用"接触对齐|自动判断中心"	
6	装配丝杠 (1) 定位方式使用"通过约束"。 (2) 装配约束使用"接触对齐|自动判断中心"	
7	装配紧固螺母 (1) 定位方式使用"通过约束"或"移动"。 (2) 装配约束使用"接触""自动判断中心""平行"	
8	装配防松用标准件"螺母""Nut, GB-T41-2000, M12"方法同前	
9	为保证总装图正常打开,对螺母标准件做如下操作: (1) 设为显示部件,另存为"螺母M12"。 (2) 返回总装配,双击使虎钳总装配成为工作部件	
10	进入工程图环境,创建三视图 (1) 新建图纸页,选择标准尺寸A2,第一角投影。 (2) 俯视图使用局部剖。 (3) 主视图使用全剖。 (4) 左视图使用半剖	

11	调整剖面线 （1）排除不剖切组件，使视图符合国标要求。 （2）调整剖面线角度和距离，结果如右图所示	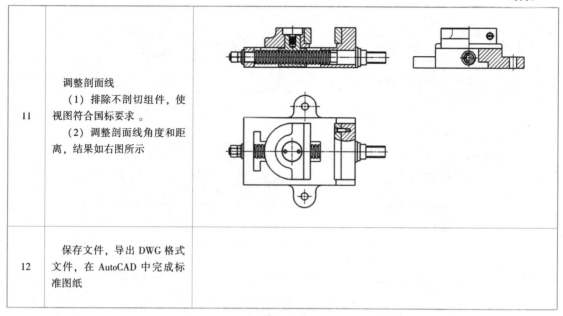
12	保存文件，导出 DWG 格式文件，在 AutoCAD 中完成标准图纸	

任务延拓

根据齿轮油泵零件示意图（图 6-11~图 6-15）、零件图（图 6-16、图 6-17）及装配平面图（图 6-18），完成如图 6-19 三维实体装配图设计（其中泵体和泵盖见任务 2.2 和任务 2.4 的拓展任务）。

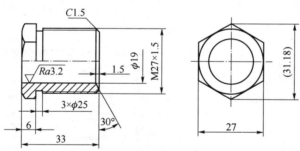

图 6-11　填料压盖

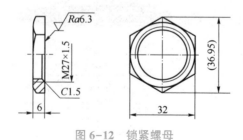

图 6-12　锁紧螺母

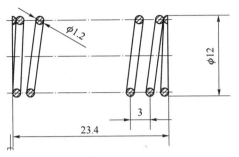

技术要求

1. 有效圈数 $N=7$；

2. 总圈数 $n_1=9.5$；

3. 展开长度 $L=323.6$ mm；

4. 旋向：右旋；

5. 弹簧两端磨平。

图 6-13 弹簧

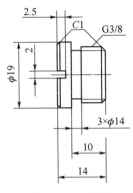

图 6-14 螺塞

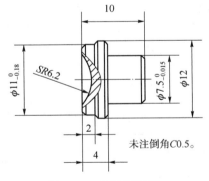

未注倒角C0.5。

图 6-15 钢珠定位圈

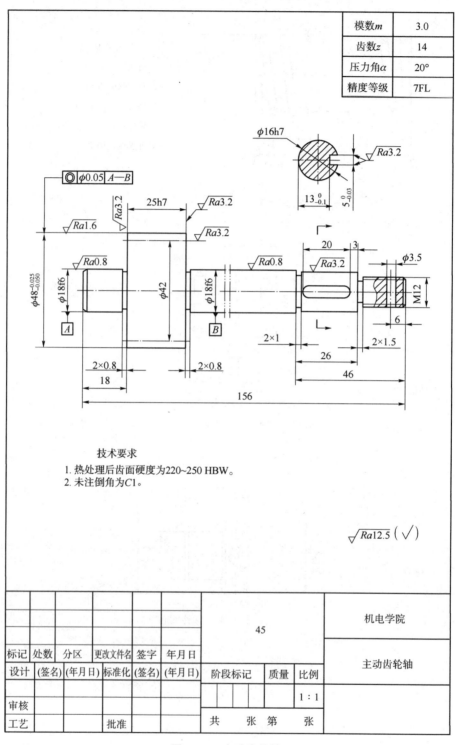

模数 m	3.0
齿数 z	14
压力角 α	20°
精度等级	7FL

技术要求

1. 热处理后齿面硬度为220~250 HBW。
2. 未注倒角为C1。

$\sqrt{Ra12.5}\left(\sqrt{}\right)$

标记	处数	分区	更改文件名	签字	年月日			机电学院
设计	(签名)	(年月日)	标准化	(签名)	(年月日)	45		
						阶段标记	质量	比例	主动齿轮轴
审核								1：1
工艺			批准			共　　张　第　　张		

图 6-16　主动齿轮轴

模数m	3.0
齿数z	14
压力角α	20°
精度等级	7FL

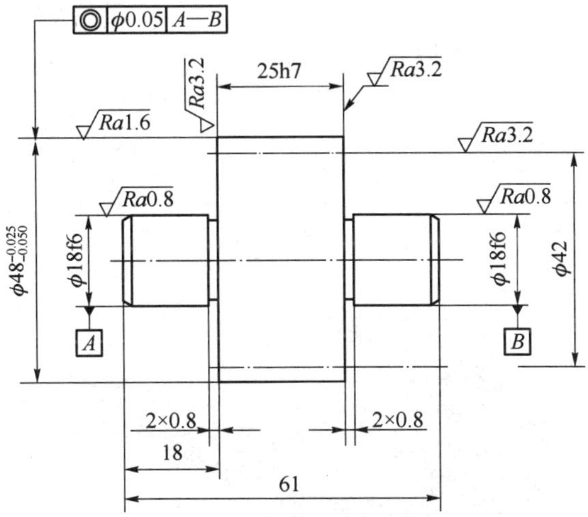

技术要求

1. 热处理后齿面硬度为220~250 HBW。
2. 未注倒角为C1。

$\sqrt{Ra12.5}\left(\sqrt{}\right)$

标记	处数	分区	更改文件名	签字	年月日			机电学院	
							45		
设计	(签名)	(年月日)	标准化	(签名)	(年月日)	阶段标记	质量	比例	从动齿轮轴
审核								1:1	
工艺			批准			共 张 第 张			

图 6-17 从动齿轮轴

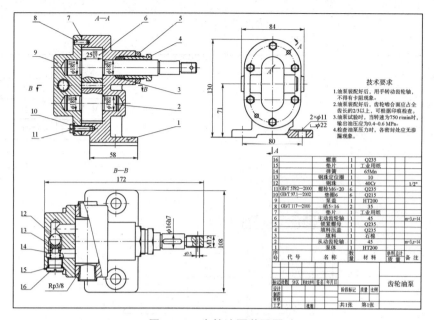

技术要求
1.油泵装配好后，用手转动齿轮轴，
  不得有卡阻现象。
2.油泵装配好后，齿轮啮合面应占全
  齿长的2/3以上，可根据印痕检查。
3.油泵试验时，当转速为750 r/min时，
  输出油压应为0.4~0.6 MPa。
4.检查油泵压力时，各密封处应无渗
  漏现象。

16		螺塞	1	Q235		
15		垫片	1	工业用纸		
14		弹簧	1	65Mn		
13		钢珠定位圈	1			
12		钢珠	1	40Cr		1/2"
11	GB/T 5782—2000	螺栓M6×20	6	Q235		
10	GB/T 97.1—2002	垫圈6	6	Q215		
9		泵盖	1	HT200		
8	GB/T 117—2000	销5×16	2	35		
7		垫片	1	工业用纸		
6		主动齿轮轴	1	45		m=3,z=14
5		锁紧螺母	1	Q235		
4		填料压盖	1	Q235		
3		填料	1	石棉		
2		从动齿轮轴	1	45		m=3,z=14
1		泵体	1	HT200		
序号	代 号	名 称	数量	材料	单件 总计 质量	备注

							齿轮油泵
标记	处数	分区	更改文件号	签名	年月日		
设计						阶段标记	质量	比例
制图							
审核							
工艺			批准			共1张	第1张

图 6-18 齿轮油泵装配图

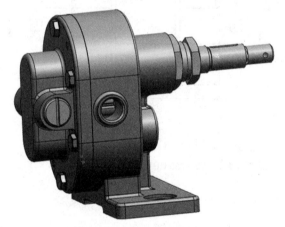

图 6-19 三维装配效果图

参 考 文 献

［1］徐家忠. UG NX10.0 三维建模及自动编程项目教程（第 2 版）［M］. 北京：机械工业出版社，2020.

［2］陈霖. 边做边学 UG NX 10.0 中文版基础教程［M］. 北京：人民邮电出版社，2020.

［3］赵秀文. UG NX10.0 实例基础教程［M］. 北京：机械工业出版社，2018.

［4］CAD/CAM/CAE 技术联盟. UG NX 10.0 中文版从入门到精通［M］. 北京：清华大学出版社，2016.

［5］钟日铭. UG NX 10.0 中文版从入门到精通［M］. 北京：人民邮电出版社，2015.